主编　　中国建设监理协会

中国建设监理与咨询

36

2020 / 5

总 第 3 6 期

U0173285

中国建筑工业出版社

图书在版编目（CIP）数据

中国建设监理与咨询. 36 / 中国建设监理协会 主编.
北京：中国建筑工业出版社，2020.10
ISBN 978-7-112-25517-7

Ⅰ.①中…　Ⅱ.①中…　Ⅲ.①建筑工程—监理工作—研究—中国 Ⅳ.①TU712.2

中国版本图书馆CIP数据核字（2020）第185851号

责任编辑：费海玲　王晓迪
责任校对：张　颖

中国建设监理与咨询 36

主编　中国建设监理协会

*

中国建筑工业出版社出版、发行（北京海淀三里河路9号）
各地新华书店、建筑书店经销
北京雅盈中佳图文设计公司制版
天津图文方嘉印刷有限公司印刷
*

开本：880毫米×1230毫米　1/16　印张：$7\frac{1}{2}$　字数：300千字
2020年10月第一版　2020年10月第一次印刷
定价：**35.00**元

ISBN 978-7-112-25517-7
（36533）

编辑部

地址：北京海淀区西四环北路 158 号
　　　慧科大厦东区 10B

邮编：100142

电话：（010）68346832

传真：（010）68346832

E-mail：zgjsjlxh@163.com

36

2020 / 5

CHINA CONSTRUCTION
MANAGEMENT and CONSULTING

中国建设监理与咨询

目录 CONTENTS

■　项目管理与咨询

■　企业文化

■　创新与研究

■　百家争鸣

中国建设监理协会"城市道路工程监理工作标准"课题初稿审查会在郑州顺利召开

2020年8月28日，由中国建设监理协会立项、河南省建设监理协会牵头组织的"城市道路工程监理工作标准"课题初稿审查会在郑州顺利召开。中国建设监理协会专家委员会常务副主任修璐出席会议；河南省建设监理协会会长、中国建设监理协会专家委员会委员孙惠民出席会议并讲话；河南省建设监理协会秘书长耿春主持审查会。广东重工监理公司刘琰等课题指导组专家及课题编制组专家近30人参加会议。

课题组认真开展课题调查、研究及编写工作，多次邀请专家对课题工作进行指导和论证。经过严谨有序的编制工作，形成了课题初审稿，取得了阶段性成果。

审查会上，课题统稿人黄春晓介绍了课题调研及初稿编写等工作情况。与会专家对初稿内容进行了深入讨论，提出了中肯的修改意见，对有关争议的内容会后安排专项调研和论证。

修璐主任充分肯定了课题组取得的阶段性成果。他指出，在疫情期间，课题组专家克服各种困难，高标准开展课题编制工作；整体上，课题初稿措辞精炼、构思严谨、内容完整明晰，符合编制要求；希望会后针对专家提出的具体问题进一步修改完善，为下一步课题转化为中国建设监理协会团体标准奠定坚实的基础。

就做好课题下一步工作，孙惠民会长强调，一是进一步提高认识，切实增强责任感和紧迫感。二是进一步明确任务，按课题验收要求做好后续工作。三是强化协作交流，切实形成工作合力。

（河南省建设监理协会 供稿）

中国建设监理协会《城市轨道交通工程监理规程（征求意见稿）》研讨会在粤顺利召开

2020年8月27日，中国建设监理协会《城市轨道交通工程监理规程》（以下简称"规程"）课题组在广州召开了征求意见稿研讨会议。中国建设监理协会行业发展部蒋里功受王早生会长委托出席了会议，课题组参编专家和行业特邀专家共16人参加了会议。会议由课题组组长孙成主持。

会上，孙成组长首先代表课题组向中国建设监理协会对课题组的关心表示感谢，并简要总结了"规程"编制过程的有关情况。编制组围绕调研过程中各地同行反馈的问题进行了深入研究，经反复多次修改，逐字斟酌细敲文本，最终形成了"规程"的征求意见稿（初稿）。

随后，课题组副组长王洪东从"规程"的编制目的、适用范围、工作原则等方面，详细介绍了16个章节的具体编制内容，突出强调了"规程"的特点，并就编制过程的重难点提出修改意见。

蒋里功转达了王早生会长对课题组专家认真负责的工作态度表示的充分肯定，希望课题组继续保持求真务实作风，高质量地完成"规程"的编制任务。他指出，本"规程"在编制过程中应简明扼要，着重于可操作性；还要结合城市轨道交通工程监理的工作特点，突出其管理作用，避免与施工或设计类规范出现雷同情况。

与会专家最后就本"规程"课题征求意见稿（正式稿）及编制说明（正式稿）完善事宜、下阶段计划安排等问题达成了共识。

（广东省建设监理协会黄鸿钦 供稿）

中国建设监理协会会长王早生率队到广西调研

2020年9月22日下午，借全国建设监理协会秘书长工作会议在广西南宁举办之机，中国建设监理协会会长王早生率领副会长兼秘书长王学军、副秘书长王月等一行4人深入调研，在广西城建咨询有限公司召开广西工程监理行业调研工作座谈会，了解广西监理企业现状，探讨广西工程监理行业发展道路。座谈会由广西建设监理协会会长陈群毓主持，本会部分副会长、秘书长、副秘书长，南宁、柳州、桂林市企业代表，交通、水利、电力行业企业代表参加了会议。

陈群毓会长代表广西建设监理协会对王早生会长一行的到来表示热烈欢迎，希望大家对广西建设监理协会的建设、广西工程监理行业的发展多提宝贵意见。随后，各参会代表依次发言，分别从质量安全、诚信建设、监理取费、人才建设、信息化建设及开展全过程工程咨询业务等方面汇报了各自企业的情况。大家针对广西壮族自治区在推进诚信建设、维护市场秩序、提升服务质量方面以及当前监理行业遇到的主要问题进行沟通交流，并提出整改建议。

王月副秘书长建议地方协会与当地政府沟通协作，依靠诚信建设，通过曝光、约谈的方式，约束企业低报价行为，逐步解决收费低、留人难的问题。

王学军副会长兼秘书长指出，监理取得的成绩是有目共睹的，发挥的作用是不可替代的，我们一定要坚持监理制度自信、监理工作自信、监理能力自信和监理发展自信。

王早生会长对广西监理行业的工作及取得的成绩给予充分肯定，强调要分清监理工作、监理企业以及监理行业的定位；监理企业要靠技术、诚信以及服务赢得市场；监理行业要准确理解国家的政策导向，把握市场经济发展规律。

（广西建设监理协会　供稿）

中国建设监理协会化工分会《化工工程监理规程（试行稿）》审定会议在青岛举行

由中国建设监理协会化工分会主办《化工工程监理规程（试行稿）》（以下简称"规程"）审定会议，于2020年9月16日在青岛成功举行。会议由中国监理协会化工分会秘书长王红主持，"规程"参编专家、行业特邀专家及监理大师等共12人参加会议。

会议伊始，秘书长王红转达了中国建设监理协会副会长兼秘书长王学军对2021年初以团标正式发布"规程"的具体安排，并就"规程"编制过程中，团队组建、任务分解、工作方案及最终目标等进行重点要求。在编制过程中，编制团队始终秉持实事求是、与时俱进、求真务实、精益求精的精神认真履行各自的责任，扎实推进"规程"编制的各项工作。为使得"规程"具有广泛性、普遍性及代表性，团队进行了广泛调研，有针对性地同各方同行就相关问题深入研讨。"规程"经编制团队逐条逐字斟酌细敲、反复修改，并经过特约专家审阅，最终形成试行稿。

与会中，编制团队与特约专家共聚一堂，针对"规程"的操作性、实用性、普遍性及行业性等特点，进行反复讨论。突出化工行业建设具有集中化、复杂化、危险化等特点，强调质量与监督属性，同时融入管理及控制理念。

编制团队及与会专家经过广泛讨论，达成了共识，会议最终形成了《化工工程监理规程（试行稿）》。

（中国建设监理协会化工分会　供稿）

北京市建设监理协会召开第六届第四次会员大会

2020 年 9 月 8 日下午，北京市建设监理协会召开第六届第四次会员大会。北京市监理协会会长李伟，副会长张铁明、高玉亭、刘秀船、孙琳、黄强，监事长潘自强到会，北京市住房和城乡建设委员会质量处正处级调研员于扬到会并讲话，187 家会员单位、202 位单位领导参加会议。会议由副会长黄强主持。

张铁明副会长汇报了由北京市建设监理协会牵头的"建筑法关于监理条款修订研究"课题组的研究成果，他详细解读了"工程质量管理的监理职责研究报告"及"工程监理制度是工程质量和投资效益的基本保障——工程监理制度论证报告"等课题研究情况。

李伟会长作 2019 年度及 2020 年前 8 个月的工作报告和 2020 年后四个月工作设想。针对 2020 年后 4 个月的工作，李伟会长提出"跳出监理，做好监理"工作设想，分析监理行业发展面临的机遇和挑战，同时对下半年的工作计划提出新要求。

最后，于扬处长对北京市建设监理协会取得的工作成果给予了肯定，并感谢协会多年来为北京市住建委的工作所做的努力和为行业做出的贡献，表扬协会组织行业专题研究及专家的敬业精神，并通报了《北京市上半年工程监理履职情况专项检查报告》。

大会对于国家系列验收标准知识竞赛三组比赛的前 25 家单位，以及 2019 年行业贡献绩点统计前 50 家单位进行了表扬。

（北京市建设监理协会 供稿）

山东省建设监理与咨询协会 2020 年第一次理事长会议在济南召开

2020 年 9 月 17 日，山东省建设监理与咨询协会 2020 年第一次理事长会议在济南召开，协会理事长、副理事长、监事长、监事等领导参加会议，协会秘书处有关人员列席，山东省建设工程招标中心有限公司曹美香总经理受邀参加会议，会议由理事长徐友全主持。

会议上，审议并通过了 2019 年度协会工作报告、财务报告，和 2020 年上半年工作汇报、协会专家委员会 2019 年工作汇报及 2020 年工作重点；通过了协会章程修改说明、协会名称和注册地址变更、增补曹美香同志为副理事长和吸纳新会员等报告事项；讨论确定了协会徽标；研究了协会行业自律公约、行业自律投诉举报受理处理暂行办法、协会通讯员管理办法、协会团体标准暂行管理办法、成立协会标准化委员会、建设工程监理从业人员业务教育管理办法（讨论稿）等文件。

陈文副理事长兼秘书长就近期会员反映协会组织开展培训专监、监理员的有关问题向政府主管部门提交整改报告的有关情况，向会议作了详细汇报，对协会更名后拓展招标与咨询服务信用评价工作提出要求和意见。

徐友全理事长强调协会一是尽快落实投诉举报制度，抑制低于成本的市场恶性竞争；二是开展高层次培训、讲座工作，引领行业转型升级；三是建议从业人员岗位工资薪酬信息要定期发布，吸纳高水平人才。徐友全理事长在会上做了"全过程工程咨询思考"的专题讲座。

（山东省建设监理与咨询协会 供稿）

河北省建筑市场发展研究会三届八次会长办公会在唐山召开

河北省建筑市场发展研究会三届八次会长办公会于 2020 年 9 月 26 日在唐山市召开。研究会张森林副会长、穆彩霞秘书长、监理企业副会长参加会议，会议邀请唐山市住建局工程处姚伟华副处长、质量安全监督站陈艳荣副站长参加会议，会议由张森林副会长主持。

穆彩霞秘书长汇报了：1. 中国建设监理协会全国秘书长会议内容；2. 前三季度监理工作情况，以及第四季度工作安排；3. 监理专家委员会行业发展与法律咨询专家组、行业自律与诚信建设专家组、行业科学技术进步与教育培训专家组工作开展情况；4. 河北省 2019 年监理统计调查情况；5. 研究设立"河北省监理行业诚信自律委员会"，研讨《河北省建设监理行为律公约》及《河北省建设监理行业诚信自律活动实施方案（试行）》《河北省监理会员信用评估管理办法》等工作。

张森林副会长作会议总结：一是研究会进一步加强与政府主管部门沟通联系；二是监理企业要把质量安全作为重要工作来抓；三是监理企业要加快转型升级步伐，做好施工阶段监理工作的同时，积极开展政府购买监理巡查服务，有能力的监理企业积极开展全过程工程咨询服务；四是监理行业要提高诚信意识；五是研究会第四季度抓好各项工作的落实。

（河北省建筑市场发展研究会　供稿）

闽贵监理协会联手约谈制约低价竞标

近期，针对贵州 ×× 监理公司未响应福建省工程监理与项目管理协会发出不参与"晟发名都"住宅 34~36 号、39~40 号楼工程监理（三次）项目投标活动，参与了该项目的投标并以低价中标的情况，福建省工程监理与项目管理协会给贵州省建设监理协会发出《关于商请贵会协助对贵州 ×× 监理公司在闽监理项目进行履责监管的函》。贵州省建设监理协会非常重视，其自律委员会立即对当事会员企业进行了约谈，贵州当事企业承诺放弃中标候选人资格，并已于 10 月 20 日向项目建设单位发出放弃工程监理第一中标人资格的函。

这是协会继今年成功阻止三明市永安总医院建设项目工程总承包监理（7.8 亿的项目工程监理费仅为 272 万元）在内的多个超低价监理招投标后，第一次成功阻止省外企业在闽参与的低价标竞标，维护了行业整体利益，在行业内产生重大影响。

福建省工程监理与项目管理协会会长和贵州省建设监理协会会长多次通话，共同探讨监理行业的管理与发展，双方达成了为确保监理服务质量，维护监理行业的声誉和整体利益，所属的会员单位在对方省内出现低价参与竞标违规行为时要互相通报，由各自的自律委员会督促整改的共识。

福建省工程监理与项目协会今年倡导监理企业遵守行业自律，倡议不参与低价投标，积极抵制压级压价、约谈会员单位、向省外监理协会发出履责监管函等取得了明显成效。众多低价标被纠正，不仅提高了行业整体利益，还逐步形成了以优质服务为导向的优质优价的市场服务机制。

湖北省建设监理协会携手武汉工程监理咨询有限公司助力竹溪县贫困村发展养蜂产业

在第七个"国家扶贫日"到来之际，2020 年 10 月 15 日，湖北省建设监理协会与湖北省十堰市竹溪县蜂业协会签约，与武汉工程监理咨询有限公司携手共同提供 10 万元帮扶资金，助力十堰市竹溪县桃源乡中坝村发展养蜂产业。湖北省建设监理协会是来竹溪县开展捐赠活动的第一个省级社会组织。

10 月 16 日，协会一行 4 人在周佳麟秘书长的带领下，冒雨赶往桃源乡中坝村进行实地调研，对接项目，并翻山越岭走访特困户。针对该村实际情况，协会决定购买蜂箱（带蜜蜂）100 个捐赠给中坝村，同时出资为该村聘请一名专业养蜂技术人员，助力该村村民通过发展养蜂产业增加收入，早日脱贫致富。在走访时，了解到疫情期间该村防疫物质紧缺，协会当场代表中国建设监理协会向中坝村村委会捐赠了一批防疫物资。

湖北省建设监理协会的助力行动，受到了省民政厅、省社会组织总会领导的充分肯定和主流媒体的高度关注，湖北日报、荆楚网、湖北网络电视台、湖北省民政厅网、十堰秦楚网、竹溪新闻网等多家媒体进行了专题报道。

（湖北省建设监理协会 供稿）

深圳市召开危大工程安全管理的监理业务培训动员会

为帮助监理人员掌握危险性较大的分部分项工程安全管理的监理业务知识，提升建设工程安全生产管理的履职尽责能力，促进工程监理作用更好发挥，深圳市建筑工程质量安全监督总站、深圳市市政工程质量安全监督总站、深圳市交通工程质量监督站和深圳市监理工程师协会（下称"三站一会"）于 2020 年 9 月 25 日下午召开危大工程安全管理的监理业务培训动员会，并自即日起至年底，分期分批对所有在深圳从事工程监理活动的监理从业人员进行危大工程安全管理的监理业务培训。

会议由市建筑工程质量安全监督总站申新亚站长主持；市交通工程质量监督站马凌宇副站长代表三站一会就开展全市工程监理人员危大工程安全管理的监理业务培训工作进行部署；市住房和建设局郑晓生副局长出席会议并作指示。会议同时举行了《深圳市工程监理工作标准》赠书仪式，并由三站各委派一名专家分别进行危大工程安全管理的监理业务知识授课。市市政工程质量安全监督总站李伟波站长、市交通工程质量监督站张伟站长，以及在深圳从事工程监理活动的 210 名监理企业领导出席了会议。

郑晓生副局长在讲话中指出，工程监理肩负着建设工程质量控制和安全生产管理的法定职责，工程监理作用有效发挥，对于促进深圳市建设工程质量的提升和安全生产管理形势的好转具有重大的现实意义。

（深圳市监理工程师协会 供稿）

贵州省建设监理协会赴织金县少普镇歹阳小学开展调研活动

2020年9月9日，贵州省建设监理协会一行赴织金县少普镇歹阳小学开展"阻断贫困代际传递，真帮实扶尽心尽力"调研活动。协会会长杨国华，副会长兼秘书长汤斌，副秘书长高汝扬，副会长、省建院工程咨询中心党总支部书记胡涛及贵州耐一投资集团副总裁、耐一公益基金会理事长、贵州三维工程建设监理咨询有限公司总工程师王伟星参与调研，公司扶贫办主任李小兵，驻石马村第一书记、扶贫办副主任张发，歹阳小学校长毛朝东及相关工作人员陪同调研。

经过实地查看和走访调研，监理协会杨国华会长表示，协会已经连续4年针对贫困地区开展教育帮扶工作，歹阳小学的发展历程确实相当艰难，办学硬件条件较差，但在校长的带领下大家齐心协力，克服了种种困难，取得了较好的教育成果。教育帮扶是百年大计，今年又是脱贫攻坚的收官之年，回去后将尽快召开协会办公会，研究帮扶具体工作，要整合监理协会自身与行业企业的多方力量，重点围绕新校区多媒体电教设备、校园体育设施、校园文化建设等方面内容，展开资金和物资的募集工作，争取尽快将相关工作落实到位，能以高标准、快速度帮助完善学校的硬件建设。

（贵州省建设监理协会　供稿）

广东省建设监理协会举办深圳中医院光明院区项目"云观摩"活动

继首场"质量月"公益直播讲座和首场"质量月"市政项目"云观摩"活动成功举办后，2020年9月28日下午，广东省建设监理协会再次深入深圳市中医院光明院区一期项目现场，开展了"质量月"第二场项目"云观摩"活动。

此次"云观摩"活动通过与现场相关人员互动式走访交流，并结合实物演示的形式，带领线上观众"零距离"探访施工项目，深入了解项目高质量建造背后的"奇、巧、新、美"和有特色的项目管理模式，带领线上观众先后参观并介绍了项目在党建引领高质量发展的指导精神下特色化质量管理体系与机制、创鲁班奖优秀工艺工法展示、工程质量常见问题治理（样板引路）、智能建造推动质量提升（科技创新展示、抹灰机器人、实测实量机器人等智能建造设备实操演示、BIM技术）、智慧工地展示（"e工务"APP应用与推广、智慧工地、智能指挥等）、6S管理等。作为深圳市全过程工程咨询试点项目，项目总负责人还就全过程咨询服务的总体思路与服务管理模式与线上观众分别进行了详尽介绍。

本次云观摩活动由于参与各方准备充分、宣传到位，得到了众多会员和同行们的广泛关注和热烈响应，线上观众"零距离"感受到以科技赋能推动工程建设粗放管理转向精细管理，实现"建筑节能"技术创新和可持续发展的重要成果。

（广东省建设监理协会　供稿）

广西建设监理协会组织开展 2020 年全区社会组织现场评估检查工作

广西建设监理协会作为广西民政厅 2020 年"社会组织评估服务"政府购买服务项目中标第三方评估机构，根据《广西壮族自治区民政厅关于开展 2020 年全区性社会组织评估工作的通知》（桂民函〔2020〕300 号）精神，按照评估工作计划安排，于 2020 年 8 月 11 日至 8 月 28 日，历时三周开展全区社会组织现场评估检查工作。本次检查工作中协会派出 4 名专职人员（其中 3 人在协会工作时间均超过 10 年，参与了协会两次荣获 5A 等级的申报工作），从广西民政厅社会组织管理专家库中抽选专家，分为两个评估小组对申报参评广西 2020 年社会组织评估的第一批 29 家社会组织进行了实地考察评估。

协会通过组织开展社会组织评估初审工作，借此难得的机会，也将好好学习其他社会组织工作中做得好、有特色的地方，取长补短，不断加强本会的服务能力，进一步履行"提供服务、反映诉求、规范行为"的职能，高质量、高水平地服务行业、服务政府、服务企业，推动各项工作再上新台阶。

天津市建设监理协会召开联络员工作会

为全面总结协会 2020 年上半年的工作成果，对协会下一步的各项工作做好安排，并对近期天津市监理行业较为关注的问题给会员单位作一个详细的说明，2020 年 9 月 1 日下午，天津市建设监理协会在天津市华城宾馆召开联络员工作会，120 余家会员单位的联络员同志参会。

段琳主任传达了中国建设监理协会王早生会长在监理企业信息化管理和智慧化服务现场经验交流会上的讲话。张帅副主任汇报了协会专家库的组建工作和后续工作安排以及开展"推进诚信建设、维护市场秩序、提升服务质量"活动实施方案。发放了《关于在监理行业中深入开展党史、新中国史、改革开放史、社会主义发展史学习宣传教育活动的倡议书》和《天津市建设监理协会厉行勤俭节约、反对餐饮浪费倡议书》。

天津市建设监理协会党支部书记、副理事长兼秘书长马明同志对近期协会的工作进行了说明及安排。马明同志还对协会下一步的重点工作进行了介绍，协会将继续做好团体标准的编写工作，同时尽快组建专家库，发挥专家库的作用，对天津市监理行业较为关心的现场监理责任认定以及监理企业合理招投标报价等课题进行研究。

（天津市建设监理协会 供稿）

山西省建设监理协会向"我要上大学"助学行动捐款

2020年6月16日，山西省社会组织促进会启动"我要上大学"公益助学行动，山西省建设监理协会积极响应倡议，9月2日，向"我要上大学"助学行动筹备组捐款3万元，为考入大学的寒门学子圆憧憬已久的大学梦尽绵薄之力。

9月20日，由山西省社会组织促进会发起的"我要上大学"公益行动助学金发放仪式举行。来自忻州原平的8名贫困大学生获得资助，每人领到了5000元助学金。这八名受助贫困生均由中国助学网推荐，他们全部来自贫困家庭，有的是孤儿、身患残疾，有的家庭遭遇变故，有的因家中父母身患绝症学业难以为继，面对生活的苦难，他们无一不是以积极坚强的态度直面生活的苦难。

山西省社会组织促进会会长李增建、省认证认可协会会长元建龙、省代理记账行业协会会长李艳、省银行业协会常务副会长王中秋、省注册税务师协会培训部主任田青及爱心人士、受助生代表一同出席了发放仪式。山西省建设监理协会副会长孟慧业参会并以"助力圆梦 与爱同行"为题作为资助者代表在会上交流发言。会上还进行了授牌仪式，协会荣获中国助学网、省社会组织促进会、原平市爱心助学站颁发的"爱心助学 功德千秋"荣誉牌匾。

深圳市监理工程师协会赴百色开展扶贫救助活动

为认真落实2019年粤桂扶贫协作第四次联席会议提出的"扎扎实实开展'携手奔小康'行动，让贫困群众有更多获得感"的工作要求，以及深圳市东西扶贫协作工作部署，深圳市监理工程师协会与百色市乐业县花坪镇浪筛村民委员会建立结对关系，签订了结对帮扶框架协议书。根据协议书的工作要求，2020年8月21日下午，行业党委书记、协会秘书长龚昌云，行业党委副书记、协会副会长黄琼，协会副会长刘君和张劲一行赴乐业县花坪镇浪筛村，与乐业县花坪镇副镇长唐权钰、浪筛村支部书记曾宪美以及村民代表在浪筛村举行扶贫救助捐赠仪式，仪式由曾宪美书记主持。

曾宪美书记表示，今天深圳市监理工程师协会开展的捐赠活动，是助力扶贫攻坚，服务社会、服务群众、服务人民的一件大实事。

协会党委副书记、协会副会长黄琼代表行业党委和深圳市监理工程师协会在讲话中表示，通过今天的活动，深切感受到浪筛村淳朴的民风和村"两委"对乡村振兴的期盼，10万元帮扶资金虽然不多，但凝聚着深圳市监理工程师协会及监理企业对朗筛村的一片心意，为脱贫攻坚奉献绵薄之力，围绕打赢脱贫攻坚战和建设美丽乡村目标，发挥宣传动员作用，传播扶贫奔小康正能量，为建设美丽的浪筛村，助力实现全面小康社会做出我们应有的贡献。

（深圳市监理工程师协会 供稿）

住房和城乡建设部关于落实建设单位工程质量首要责任的通知

建质规〔2020〕9号

各省、自治区住房和城乡建设厅，直辖市住房和城乡建设（管）委，北京市规划和自然资源委，新疆生产建设兵团住房和城乡建设局：

为贯彻落实《国务院办公厅关于促进建筑业持续健康发展的意见》（国办发〔2017〕19号）和《国务院办公厅转发住房城乡建设部关于完善质量保障体系提升建筑工程品质指导意见的通知》（国办函〔2019〕92号）精神，依法界定并严格落实建设单位工程质量首要责任，不断提高房屋建筑和市政基础设施工程质量水平，现就有关事项通知如下：

一、充分认识落实建设单位工程质量首要责任重要意义

党的十八大以来，在以习近平同志为核心的党中央坚强领导下，我国工程质量水平不断提升，质量常见问题治理取得积极成效，工程质量事故得到有效遏制。但我国工程质量责任体系尚不完善，特别是建设单位首要责任不明确、不落实，存在违反基本建设程序，任意赶工期、压造价，拖欠工程款，不履行质量保修义务等问题，严重影响工程质量。

建设单位作为工程建设活动的总牵头单位，承担着重要的工程质量管理职责，对保障工程质量具有主导作用。各地要充分认识严格落实建设单位工程质量首要责任的必要性和重要性，进一步建立健全工程质量责任体系，推动工程质量提升，保障人民群众生命财产安全，不断满足人民群众对高品质工程和美好生活的需求。

二、准确把握落实建设单位工程质量首要责任内涵要求

建设单位是工程质量第一责任人，依法对工程质量承担全面责任。对因工程质量给工程所有权人、使用人或第三方造成的损失，建设单位依法承担赔偿责任，有其他责任人的，可以向其他责任人追偿。建设单位要严格落实项目法人责任制，依法开工建设，全面履行管理职责，确保工程质量符合国家法律法规、工程建设强制性标准和合同约定。

（一）严格执行法定程序和发包制度。建设单位要严格履行基本建设程序，禁止未取得施工许可等建设手续开工建设。严格执行工程发包承包法规制度，依法将工程发包给具备相应资质的勘察、设计、施工、监理等单位，不得肢解发包工程、违规指定分包单位，不得直接发包预拌混凝土等专业分包工程，不得指定按照合同约定应由施工单位购入用于工程的装配式建筑构配件、建筑材料和设备或者指定生产厂、供应商。按规定提供与工程建设有关的原始资料，并保证资料真实、准确、齐全。

（二）保证合理工期和造价。建设单位要科学合理确定工程建设工期和造价，严禁盲目赶工期、抢进度，不得迫使工程其他参建单位简化工序、降低质量标准。调整合同约定的勘察、设计周期和施工工期的，应相应调整相关费用。因极端恶劣天气等不可抗力以及重污染天气、重大活动保障等原因停工的，应给予合理的工期补偿。因材料、工程设备价格变化等原因，需要调整合同价款的，应按照合同约定给予调整。落实优质优价，鼓励和支持工程相关参建单位创建品质示范工程。

（以下略）

中华人民共和国住房和城乡建设部
2020 年 9 月 11 日
（来源 住房和城乡建设部网）

住房和城乡建设部办公厅关于开展政府购买监理巡查服务试点的通知

建办市函〔2020〕443号

江苏、浙江、广东省住房和城乡建设厅：

为贯彻落实《国务院办公厅转发住房城乡建设部关于完善质量保障体系 提升建筑工程品质指导意见的通知》（国办函〔2019〕92号），强化政府对工程建设全过程的质量监管，探索工程监理企业参与监管模式，我部决定开展政府购买监理巡查服务试点。现将有关事项通知如下：

一、试点目标

通过开展政府购买监理巡查服务试点，探索工程监理服务转型方式，防范化解工程履约和质量安全风险，提升建设工程质量水平，提高工程监理行业服务能力。适时总结试点经验做法，形成一批可复制、可推广的政府购买监理巡查服务模式，促进建筑业持续健康发展。

二、试点范围

（一）江苏省苏州工业园区；

（二）浙江省台州市、衢州市；

（三）广东省广州市空港经济区、广州市重点公共建设项目管理中心代建项目。

三、试点时间

试点自2020年10月开始，为期2年。

四、试点内容

充分发挥市场机制作用，按照政府购买服务的方式和程序，委托具备相应条件的工程监理企业提供建设项目重大工程风险识别和控制服务。

（一）服务定位。监理巡查服务是以加强工程重大风险控制为主线，采用巡查、抽检等方式，针对建设项目重要部位、关键风险点，抽查工程参建各方履行质量安全责任情况，发现存在的违法违规行为，并对发现的质量安全隐患提出处置建议。主要服务内容包括：市场主体合法、合约有效性识别；危大工程（危险性较大的分部分项工程）巡查；特种设备、关键部位监测、检测；项目竣工环节巡查或抽检等。

（二）能力要求。承担监理巡查服务企业应具有监理综合或专业甲级资质，具有施工现场信息化监管手段和工程监测检测控制能力，并熟悉该区域地方标准和政策文件。监理巡查服务企业委派的项目负责人应具有注册监理工程师或注册建造师资格。

（三）购买主体。政府购买监理巡查服务的主体是地方各级住房和城乡建设主管部门、政府投资工程集中建设单位或承担建设管理职能的事业单位。

（四）购买方式。政府购买监理巡查服务应按照政府采购法的有关规定确定承接企业。服务费可按照"薪酬＋奖励"的方式在政府购买服务中统筹安排。

（五）成果应用。委托单位应通过合同约定授权监理巡查服务企业，为其提供尽职履约必要条件。建设工程参建各方不得以任何理由阻碍监理巡查工作的正常开展。监理巡查服务企业应根据合同约定，公平、公正、独立开展巡查业务。巡查结果可作为参建单位履约评估的依据。

（六）履约评估。强化绩效管理，加强对监理巡查服务企业的履约监督，保证监理巡查结果的公正性和准确性。完善履约评估机制，拓宽履约评估应用，探索建立政府购买监理巡查服务企业"红名单"和"黑名单"制度。

（以下略）

中华人民共和国住房和城乡建设部
办公厅
2020年9月1日

住房和城乡建设部等部门关于加快新型建筑工业化发展的若干意见

建质规〔2020〕9号

各省、自治区、直辖市住房和城乡建设厅（委、管委）、教育厅（委）、科技厅（委、局）、工业和信息化主管部门、自然资源主管部门、生态环境厅（局），人民银行上海总部、各分行、营业管理部、省会（首府）城市中心支行、副省级城市中心支行，市场监管局（厅、委），各银保监局、新疆生产建设兵团住房和城乡建设局、教育局、科技局、工业和信息化局、自然资源主管部门、生态环境局、市场监管局：

新型建筑工业化是通过新一代信息技术驱动，以工程全寿命期系统化集成设计、精益化生产施工为主要手段，整合工程全产业链、价值链和创新链，实现工程建设高效益、高质量、低消耗、低排放的建筑工业化。《国务院办公厅关于大力发展装配式建筑的指导意见》（国办发〔2016〕71号）印发实施以来，以装配式建筑为代表的新型建筑工业化快速推进，建造水平和建筑品质明显提高。为全面贯彻新发展理念，推动城乡建设绿色发展和高质量发展，以新型建筑工业化带动建筑业全面转型升级，打造具有国际竞争力的"中国建造"品牌，提出以下意见。

一、加强系统化集成设计

（一）推动全产业链协同。推行新型建筑工业化项目建筑师负责制，鼓励设计单位提供全过程咨询服务。优化项目前期技术策划方案，统筹规划设计、构件和部品部件生产运输、施工安装和运营维护管理。引导建设单位和工程总承包单位以建筑最终产品和综合效益为目标，推进产业链上下游资源共享、系统集成和联动发展。

（二）促进多专业协同。通过数字化设计手段推进建筑、结构、设备管线、装修等多专业一体化集成设计，提高建筑整体性，避免二次拆分设计，确保设计深度符合生产和施工要求，发挥新型建筑工业化系统集成综合优势。

（三）推进标准化设计。完善设计选型标准，实施建筑平面、立面、构件和部品部件、接口标准化设计，推广少规格、多组合设计方法，以学校、医院、办公楼、酒店、住宅等为重点，强化设计引领，推广装配式建筑体系。

（四）强化设计方案技术论证。落实新型建筑工业化项目标准化设计、工业化建造与建筑风貌有机统一的建筑设计要求，塑造城市特色风貌。在建筑设计方案审查阶段，加强对新型建筑工业化项目设计要求落实情况的论证，避免建筑风貌千篇一律。

二、优化构件和部品部件生产

（五）推动构件和部件标准化。编制主要构件尺寸指南，推进型钢和混凝土构件以及预制混凝土墙板、叠合楼板、楼梯等通用部件的工厂化生产，满足标准化设计选型要求，扩大标准化构件和部品部件使用规模，逐步降低构件和部件生产成本。

（以下略）

中华人民共和国住房和城乡建设部
中华人民共和国教育部
中华人民共和国科学技术部
中华人民共和国工业和信息化部
中华人民共和国自然资源部
中华人民共和国生态环境部
中国人民银行
国家市场监督管理总局
中国银行保险监督管理委员会
2020 年 8 月 28 日
（来源　住房和城乡建设部网）

中国建设监理协会秘书长会于南宁召开

2020 年 9 月 22 日，全国建设监理协会秘书长工作会议于南宁市召开，广西住房和城乡建设厅副厅长杨绿峰出席会议，中国建设监理协会会长王早生，副会长兼秘书长王学军，副会长麻京生、商科，副秘书长温健、王月到会，各地方建设监理协会、有关行业建设监理专业委员会及分会 60 余人参加了本次会议。会议由温健副秘书长主持。

会上由杨绿峰副厅长致欢迎辞，介绍了广西建设行业整体发展状况，广西监理行业现状，并对未来监理行业发展提出了希望。

会上有六个省市地方监理协会介绍了他们的工作和行业发展情况。其中陕西省建设监理协会介绍了他们为企业解决困难、推进信息化管理和 BIM 技术的应用和全过程工程咨询试点等方面的做法。广西建设监理协会介绍他们以服务为中心，积极探索，拓宽服务范围，在实践中强化协会服务能力，与大家分享了政府购买项目及开展社团评估工作的体会。贵州省建设监理协会介绍了协会在行业自律管理，维护市场秩序，促进监理行业健康发展的做法。河南省建设监理协会介绍了他们在新冠疫情中发挥协会优势，引导监理企业以实际行动弘扬正气，捐款捐物，助力打赢疫情防控阻击战的成果。广东省建设监理协会介绍了他们在课题研究方面"把握时代脉搏，服务行业发展"的研究成果。武汉建设监理与咨询行业协会介绍了他们围绕行业自律、推动行业自治，加强行业信用体系建设中所取得的一些经验和做法。另外，"会员信用评估标准"课题组组长屠名瑚就中国建设监理协会会员信用评估中反映的一些主要问题进行了解答。

王月副秘书长宣读了《关于建立"中国建设监理与咨询"微信公众号平台的通知》，并对服务对象、服务内容、信息要求、信息报送类别、信息报送方式、其他事项等六个方面作了简要解释。

温健副秘书长对协会推进线上支付与电子发票等相关事宜进行通报。

王学军副会长兼秘书长作了"关于中国建设监理协会 2020 年上半年工作情况和下半年工作安排"的报告。2020 年上半年，秘书处紧紧围绕行业发展和协会工作实际，主要组织开展了协会建设、会员管理、服务会员和促进行业发展等四方面十三项工作。2020 年下半年主要工作：一是协助行业主管部门做好行业改革发展工作；二是规范会员管理工作，继续推进会员自评估、建立健全"会员信用信息管理平台"，继续开展"推进诚信建设，维护市场秩序，提升服务质量"活动；三是做好服务会员工作，开展免费业务辅导活动、充实会员网络业务学习内容、办好《中国建设监理与咨询》行业刊物；四是引导行业健康发展工作，召开监理企业诚信建设和标准化服务经验交流会、开展行业课题研究和推进相关课题转换为团体标准、宣传"鲁班奖"和"詹天佑奖"参建监理企业和总监理工程师事迹；五是加强秘书处建设，推进会费发票电子化管理、有序做好协会脱钩工作。同时表示，希望与各地方协会和行业专业委员会共同努力，认真履行行业协会职能，推动监理行业高质量发展，为祖国工程建设做出贡献。

王早生会长肯定了秘书处的工作并强调了秘书处的重要性，表示最后一个季度的工作要继续全力落实；希望协会工作人员工作时要多学习、多联络，相信监理行业会有良好发展。

关于印发中国建设监理协会2020年上半年工作情况和下半年工作安排报告暨王早生会长在全国建设监理协会秘书长工作会议上讲话的通知

中建监协〔2020〕41号

各省、自治区、直辖市建设监理协会，有关行业建设监理专业委员会，各分会：

2020年9月22日，中国建设监理协会召开了全国建设监理协会秘书长工作会议。现将本次会议上王早生会长的讲话及王学军副会长兼秘书长作的协会2020年上半年工作情况下半年工作安排的报告印发给你们，供参考。

中国建设监理协会

2020年9月25日

王早生会长在全国建设监理协会秘书长工作会议上的讲话

各位秘书长：

大家上午好！今天在南宁召开的全国建设监理协会秘书长工作会议内容很充实，达到了预期的效果。王学军秘书长作了"关于中国建设监理协会2020年上半年工作情况和下半年工作安排"的报告，我都赞同。今年的时间只剩下一个季度了，所以按照协会工作计划务必要抓紧时间落实好。要认真研究、部署和完成各项工作。

住房城乡建设部近期发文开展政府购买监理巡查服务试点，纳入试点的三个省份要积极跟进推动试点工作，没有纳入试点的省市也要积极开展政府购买监理巡查服务。政府部门一直重视监理作用的发挥，所以监理行业的发展前景光明。

各个协会都有很多工作要做，尤其是秘书处工作人员作用的发挥会影响到当地监理行业的发展。因此，协会秘书处工作人员要积极与政府密切沟通。结合住房城乡建设部和协会的工作计划及当地住建部门与地方协会工作有机地融合在一起，齐心协力做好工作。不要将协会的工作与政府部门的工作对立起来或割裂。

监理行业的发展尤其要坚持改革、团结一致，要在建筑行业、社会、业主面前多做宣传。企业是市场的主体，监理企业之间的差异很大，如浙江五洲项目管理公司是从施工开始向前段拓展业务，广西中信恒泰顾问公司是从前段的设计向后端延伸。又如陕西永明项目管理公司以信息化为抓手，在项目管理模式创出一条智慧化服务的新路。因此，监理企业一定要加大信息技术的投入，不断提升信息化管理能力。我们要苦练内功，从自身找问题、补短板，才有可能争当全过程工程咨询服务的主力军。

同志们，让我们共同努力形成合力，充分发挥监理作用，体现监理的价值，为建筑业的高质量发展和国家经济建设做出监理人的贡献。

谢谢大家！

关于中国建设监理协会2020年上半年工作情况和下半年工作安排的报告

各位领导、各位秘书长：

大家上午好！

今天我们在南宁召开全国监理协会秘书长工作会议，这次会议扩大了参会范围，突出秘书处工作交流。我代表中国建设监理协会秘书处对大家的到来表示欢迎，对大家一直以来对中国建设监理协会秘书处工作的支持和帮助表示诚挚的感谢！

上半年，协会秘书处紧紧围绕行业发展和协会工作实际，在早生会长领导下，在住房和城乡建设部建筑市场监管司指导下，在行业专家的支持下，经过大家共同努力做了以下主要工作：

第一部分：协会 2020 年上半年工作情况

一、协会建设方面

（一）组织召开协会六届三次理事会

2020 年 1 月，协会在广州召开了六届四次常务理事会暨六届三次理事会，会议审议通过了《关于中国建设监理协会 2019 年工作情况和 2020 年工作安排的报告》《关于调整、增补中国建设监理协会六届常务理事、理事的报告》《关于发展中国建设监理协会单位会员的报告》《关于中国建设监理协会个人会员发展情况的报告》；审议通过了《关于注销中国建设监理协会水电分会的情况说明》《建设监理行业自律公约》等四个文件的修改说明和《中国建设监理协会员工薪酬管理办法》《中国建设监理协会会员信用评估标准（试行）》，并由四个课题组组长汇报了课题成果。

（二）做好扶贫工作

2020 年是决胜全面建成小康社会、决战脱贫攻坚之年，是脱贫攻坚收官之年。为贯彻落实习近平总书记在决战决胜脱贫攻坚座谈会及统筹推进新冠肺炎疫情防控和经济社会发展工作部署会上的重要讲话精神，按照住房和城乡建设部《2020 年扶贫工作要点》要求，认真做好 2020 年定点扶贫工作，中国建设监理协会按照住房和城乡建设部社团党委安排，向湖北省红安县慈善会捐赠 6 万元帮扶资金用于村集体产业扶持。

二、会员管理和服务会员方面

（一）发展会员

今年上半年协会发展单位会员 13 家，个人会员四批共 4052 人。截至 2020 年 6 月，协会现有团体会员 61 家、单位会员 1085 家、个人会员 138803 名。

（二）响应号召减轻疫情重灾区企业负担

根据国家发展改革委办公厅和民政部办公厅《关于积极发挥行业协会商会作用 支持民营中小企业复工复产的通知》（发改办体改〔2020〕175 号）要求，中国建设监理协会印发《关于做好监理企业复工复产疫情防控工作的通知》（中建监协〔2020〕11 号），经协会六届常务理事审议通过，免收 2020 年度湖北省 26 家单位会员和 8 家协会分会单位会员会费，共计免缴会费 9.8 万元。

（三）完善个人会员服务平台

为更好地服务个人会员，2020 年上半年协会开展个人会员业务学习网络平台课件更新筹备工作。2020 年计划更新"房屋建筑工程""市政公用工程"两个科目的有关课件，同时丰富个人会员学习园地的学习内容，加强质量安全教育。

（四）推进表扬工作

推进 2019 年度"鲁班奖"和"詹天佑奖"工程参建监理企业及总监理工程师通报工作，起草完成了下发通知，并向各有关协会解释说明此通知的有关事项。目前正在收集相关申报材料。

（五）加强会员诚信建设

为规范会员信用管理，促进会员诚信经营、诚信执业，构建以信用为基础的自律监管机制，维护市场良好秩序，打造诚信工程监理行业，促进行业高质量可持续健康发展，按照中国建设监理协会 2020 年工作安排，协会上半年印发了《中国建设监理协会会员信用管理办法》《中国建设监理协会会员信用管理办法实施意见》《中国建设监理协会会员信用评估标准（试行）》《中国建设监理协会会员自律公约》《中国建设监理协会单位会员诚信守则》和《中国建设监理协会个人会员职业道德行为准则》。并在会员范围内开展"推进诚信建设，维护市场秩序，提升服务质量"活动，单位会员信用自评估工作在地方协会和行业专委会、分会指导下正在稳步推进之中。

同时，协会正在建立健全"会员信用信息管理平台"，以加强对会员的诚信管理。

（六）做好行业宣传工作

1. 办好《中国建设监理与咨询》刊物

今年，在团体会员和单位会员的支持下《中国建设监理与咨询》共征订近 3800 份。总印数 3 万余册，赠送团体会员、单位会员、编委通讯员 1000 余份。2020 年上半年共有 97 家地方、行业协会、企业以协办方式参加办刊。

2. 上半年，协会利用网站、微信公众号宣传行业有关制度、法规及相关政策；宣传地方省市行业协会的行业活动；尤其是对各省监理企业抗疫活动进行了重点报道，突出了监理企业的担当和奉献精神。在《中国建设报》连续四次整版刊登"监理人大疫面前有担当"系列报道，介绍了监理企业日夜奋战抗疫医院建设第一线、监理人员大爱无疆积极捐款捐物的先进事迹，凸显了监理人的正面形象，展现了监理企业勇于担当的风采，传递出监理行业正能量。

3. 建立了《中国建设监理与咨询》微信公众号，加强了对会员单位工作的宣传报道工作。

三、促进行业发展方面

（一）根据主管部门要求，组织征求相关意见

一是对住房城乡建设部建筑市场监管司起草的《开展政府购买监理巡查服务试点方案（征求意见稿）》，提出建议并报送建筑市场监管司。起草并印发《关于收集政府购买监理巡查服务试点方案意见和建议的通知》。印发《关于报送工程监理企业参与质量安全巡查情况的通知》（中建监协〔2020〕22 号），收集工程监理企业参与质量安全巡查的案例报送建筑市场监管司。

二是组织完成了《住房和城乡建设部办公厅关于征求压减建设工程企业资质类别等级工作方案意见的函》（建办市函〔2020〕219 号）的工作。经征求有关专家意见，起草并向建筑市场监管司报送《压减建设工程企业资质类别等级工作方案（征求意见稿）》的修改意见。

三是组织完成全国监理工程师职业资格考试报考条件的梳理工作，提出《全国监理工程师职业资格考试报考专业目录对照表》，供人力资源与社会保障部人事考试中心参考。

四是按照住房城乡建设部建筑市场监管司工作要求，组织行业专家起草并报送《关于房建工程监理主要问题及工作建议的报告》。

（二）做好行业理论研究

2020 年协会开展的研究课题有五个，"市政工程监理资料管理标准""城市轨道交通工程监理规程""监理企业发展全过程工程咨询的路径和策略""城市道路工程监理工作标准""建筑法修订涉及监理责权利课题研究"。各课题组组长认真负责，研究工作正在有序推进。其中，建筑市场监管司委托的"建筑法修订涉及监理责权利课题研究"，在北京协会李伟会长带领下已经结题。

另外，完成了 2019 年"装配式建筑工程监理规程"课题成果转团体标准的可行性研究工作，并于七月份通过验收。目前正在审核阶段。

（三）推进行业标准化工作

协会今年印发六个试行标准，其中《房屋建筑工程监理工作标准》《项目监理机构人员配置标准》《监理工器具配备标准》《工程监理资料管理标准》等四个标准，希望大家征集实施过程中的意见建议，推进明年转换为团体标准。

另外，组织行业专家与中国工程建设标准化协会联合制订了《建设工程监理工作评价标准》，并于今年 7 月正式印发。

（四）组织监理企业信息化管理和智慧化服务现场经验交流会

为进一步贯彻落实《国务院办公厅关于促进建筑业持续健康发展的意见》和《国家发展改革委 住房城乡建设部关于推进全过程工程咨询服务发展的指导意见》有关要求，提升监理企业信息化水平，推动工程监理行业健康发展。2020 年 7 月，协会在陕西省建设监理协会的大力支持和配合下，举办了"监理企业信息化管理和智慧化服务现场经验交流会"。住房和城乡建设部建筑市场监管司副司长卫明、中国建设监理协会会长王早生出席会议并讲话。会上永明项目管理有限公司等十家企业代表就企业信息化管理和智慧化服务等介绍了他们的经验和做法。此次交流会大家反映较

好，对于促进行业信息化管理、智慧化服务将起到积极的促进作用。

（五）完成政府部门委托的监理工程师考试相关工作

上半年，组织完成了2020年全国监理工程师职业资格考试基础科目一和基础科目二以及土木建筑工程专业科目的命审题工作，并组织完成了2020年全国监理工程师职业资格考试用书的编写工作。

各位秘书长：上半年在新冠疫情的影响下，大家众志成城，同心协力，在共抗疫情的同时，也做了大量工作。刚才六个单位的工作经验交流，各有特点，值得大家在工作中借鉴。各地协会和行业从三个方面来看，工作成果是显著的：

一是在推进诚信建设，树立监理形象方面。各协会在加强行业管理信用体系建设，建立信用信息平台等方面做了大量工作。目前正在积极推进会员信用自评估工作，大力倡导行业诚信发展；在抗疫战斗中，各协会引导大家积极参与抗疫活动，捐款捐物，积极参与抗疫医院建设，响应政府号召复工复产。

二是维护监理市场价格秩序方面。有的协会经做政府主管部门工作将监理计费规则作写入招投标文件；有的协会制订了"建设工程监理服务消耗（工日）定额"；有的协会正在研究制定"工程监理成本计算方法"；贵州、福建、深圳等协会加强行业自律管理，约谈低价格参与投标的监理企业，抵制低价招标行为。

住房城乡建设部鼓励购买监理巡查服务，提出"薪酬＋奖金"等计费方式，济南建设主管部门出台由价格管理部门收集和公布监理市场价格等。

这些举措，有利于维护良好的监理服务价格市场秩序。

三是提高服务质量方面。广西、浙江、深圳等协会加强监理人员业务培训工作成果显著。山东、广东、河南、浙江、北京、上海等协会积极开展监理工作标准课题研究工作。贵州协会约谈严重降低监理服务品质的监理企业；地方和行业协会大力推进BIM在监理咨询服务工作中应用，努力推进信息化管理和智慧化服务工作。积极响应政府购买监理巡查服务工作，参与全过程工程咨询相关服务技术标准、合同示范文本等规范性文件的修订工作等。

第二部分：协会2020年下半年工作安排

监理行业处在改革发展之中，现有监理企业8400余家，监理从业人员近130万人，合同额达到8000余亿元，其中监理合同额近2000亿元。下半年，我们要以更加饱满的热情、更加积极的态度投入工作中去，努力完成年度目标任务，促进行业健康发展：

一、协助行业主管部门工作

（一）配合住房和城乡建设部建筑市场监管司做好行业改革工作。继续推进全过程工程咨询服务标准、合同示范文本的制定工作和政府购买监理巡查服务的试点工作。希望广东、江苏、浙江省监理协会密切关注试点进展情况，及时收集成功案例。

（二）组织做好2020年监理工程师阅卷工作。今年全国监理工程师职业资格考试已经结束，协会将按要求采用招标方式高质量地组织完成监理工程师阅卷工作。

二、规范会员管理工作

（一）继续推进单位会员自评估工作。下半年，协会将继续推进单位会员的自评估工作。屠名瑚同志在会上对信用评估中出现的疑难问题代表课题组进行了解答。希望有关地方监理协会和行业监理专业委员会给予支持，共同推进建设监理行业诚信体系建设，促进单位会员诚信经营、个人会员诚信执业。

（二）建立健全"会员信用信息管理平台"。发挥大数据、互联网在促进行业诚信建设中的作用，逐步实现地方监理协会和行业监理专业委员会、分会与中国建设监理协会联网，达到信息共享。

（三）推进诚信建设，维护市场秩序，提升服务质量。继续开展"推进诚信建设，维护市场秩序，提升服务质量"活动，鼓励会员明码标价、优质优价，为社会和建设单位提供优质服务。这次秘书长会议请省级市监理协会秘书长来参会，是希望我们在维护监理市场价格秩序方面能够联手做些工作，改变被动维护市场秩序的做法，变被动为主动。如何主动，就是鼓励单位会员公布本企业咨询服务人工成本价格，形成监理服务市场参考价格，以改变现在低价恶性招投标现象。

三、服务会员工作

（一）开展免费业务辅导活动。下半年协会将适时免费为会员代表开展业务辅导活动。希望地方监理协会和行业监理专业委员会积极组织会员代表参加。

对地方团体会员开展的业务辅导活动，本协会将在师资力量等方面给予支持。

（二）充实会员网络业务学习内容。为更好地服务会员，将信息化与服务会员有机结合，下半年，协会将更新网络业务学习课件，计划分题给相关专家完成课件更新；充实会员"学习园地"内容，将有指导性的文章、业务知识放进学习园地，供个人会员免费学习。

（三）办好《中国建设监理与咨询》行业刊物，加强报刊对监理行业宣传报道。下半年协会将继续做好《中国建设监理与咨询》的征订和组稿工作，加大对行业热点难点问题、行业先进人物的宣传力度，组织召开《中国建设监理与咨询》编委座谈会和通讯员会议，充分发挥协办单位的作用。加强运用"中国建设监理与咨询"微信平台，多为会员单位活动开展宣传。希望地方协会和行业专业委员会、分会支持行业刊物的征订和组稿工作，多作宣传、多发现正面典型，为宣传本行业提供素材。

四、引导行业健康发展工作

（一）召开监理企业诚信建设和标准化服务经验交流会。年底将召开监理企业诚信建设和标准化服务经验交流会，目的是对今年开展的"推进诚信建设、维护市场秩序、提升服务质量"活动的总结，希望各地方监理协会和行业监理专业委员会，积极推荐典型材料。

（二）开展行业课题研究和推进相关课题转换为团体标准。下半年，协

会将组织专家对"市政工程监理资料管理标准""城市轨道交通工程监理规程""监理企业发展全过程工程咨询的路径和策略""城市道路工程监理工作标准"等课题进行验收。希望各承办课题的协会认真做好课题研究工作，按时结题。

希望大家多关注《房屋建筑工程监理工作标准》《项目监理机构人员配置标准》《监理工器具配备标准》《工程监理资料管理标准》等四个标准在试行过程中发现的问题，提出修改意见和建议，促进试行标准转换为团体标准。

（三）宣传"鲁班奖"和"詹天佑奖"参建监理企业和总监理工程师事迹和成果。在建筑业协会和土木工程学会支持下，协会将对参与"鲁班奖"和"詹天佑奖"监理企业和总监理工程师的事迹和成果进行宣传，以达到弘扬正气、树立标杆，引领行业发展的目的。此项工作需要地方监理协会和行业监理专业委员会认真把关。

（四）立足安全监理工作。监理是保障工程建设质量安全的主力军，加强人员素质培养，提高人员业务素质显得尤为重要，近期贵州协会编纂了《安全生产监理工作指南》，希望对行业履行安全监理职责能起到促进作用。

五、加强秘书处建设

（一）推行会费发票电子化管理。协

会上半年已启动在会员管理系统中增加电子发票功能开发的相关工作，不断提升服务水平，为会员提供更加便捷高效的服务。支付方式采用支付宝支付会费，争取年底试运行，希望地方协会和专业委员会、分会做好宣传工作，使电子发票工作顺利推行。

（二）有序做好协会脱钩工作。协会按照住房城乡建设部统一部署，有序做好脱钩各项准备工作。

（三）关于停止向地方协会支付会员咨询服务费。按照国办有关文件要求，已停止向地方协会支付个人会员咨询服务费。地方协会开展为会员服务活动发生的费用，中监协将据实报销。

在此，我有两点希望，一是希望团体会员要吸取某市协会违规开展职业资格许可认定和评比表彰等问题的经验教训，严格依法依规开展活动，做好为会员服务工作。二是希望团体会员团结协作，加强交流，在行业诚信建设、标准化建设、维护市场秩序、提升服务能力和水平等方面共同努力，推进监理行业健康发展。

同志们：今年是不平凡的一年，让我们携起手来，在习近平新时代中国特色社会主义思想指引下，围绕监理行业发展实际，认真履行行业协会职能，不断规范行业工作标准和会员履职行为，促进供给侧改革，开拓创新，推动监理行业高质量发展。让我们共同努力，为祖国工程建设做出应有的贡献！

BIM技术在结算工程量的实际应用总结

熊欣

晨越建设项目管理集团股份有限公司

一、项目背景介绍

本文分析的是晨越建管集团承担 BIM 总包管理的成都某元件厂房项目。整个项目由 6 栋独立建筑构成，总建筑面积约 32000m²，该项目内部管线结构涉及众多，且涉及洁净室的修建，安装工艺技术要求较高。

作为厂房类型的项目，机电管道种类繁多早已经不是什么新鲜事情，该项目在此基础上，增加了百级洁净间的使用需求，这对于现场的机电安装提出了更高的要求。

不仅如此，面对专业类型多，管道排布复杂的现场情况，仅通过二维图纸的工程造价准确计算工程量难度极大，如果单纯依照传统经验，缺乏科学手段对工程量的合理性进行准确评估，极易导致建设过程中产生大量的经济签证，项目结算失误的情况也不易避免，进而增加工程审计的风险性。

该项目为提高工程计量的准确度，避免因项目的工程结算引发经济纠纷，和后期一系列的审计风险问题，首次引入了 BIM 作为第三方计量团队介入结算工程量的计取流程。BIM 团队通过对模型工程量的直接提取，作为对比的基础数据，参与项目的结算对量工作。

二、BIM 工程量对量

（一）BIM 出量软件的选用

在四川地区，传统工程造价行业早已由手算工程量转化为通过软件导出工程量。目前，行业内普遍使用的专业算量软件中，土建专业以广联达公司出品的广联达 GTJ 为主，安装专业以北京算王软件有限公司提供的算王软件为主，两款计算工程量的软件虽针对的专业不同，但其主要操作思路相似，均是在算量软件中识别、定位、映射图纸数据，再通过处理程序将提取出来的图纸数据整合处理，得到所需的工程量。

仅从概念上讲，两款软件的核心思路也涉及 BIM 概念范畴。但与之不同的是，专业的计量软件只需考虑计量功能，专业针对性更强导出的工程量数据会按照清单计价规范中的扣减规则进行处理，得到符合国内造价行业认可的清单工程量。相较之下，绝大多数 BIM 软件都来源于国外，单纯的利用 BIM 模型导出工程量，则会以模型实体为基础，导出和模型空间数据完全一致的实物量，并不会过多考虑国内清单计价规范中的构件规则。

目前大多数国内的软件厂商为解决 BIM 模型计量不符合清单计价规范的问题，均采用了以原模型为基础，开发针对软件的插件提取 BIM 模型工程量数据，并按照清单计价规范进行处理，进而得到清单工程量。但因国内起步较晚，现有软件功能不成熟，应用的范围不全面等原因，目前并未将 BIM 出具的工程量作为工程结算的依据，只作为验证结算工程量准确性和真实性的重要手段。

在实施操作过程中项目的 BIM 团队并未选用上述两款专业的出量软件作为 BIM 团队的计量软件，原因主要有如下两点：

1. 算量软件相同，工程量对比维度较为单一

在国内目前的软硬件环境下，结合实际项目管理的需求，BIM 团队出具的工程量主要以第三方角色介入，增加工程量的对比维度，起到多方位审核工程量的目的，但若 BIM 小组和造价单位采用一致的出量软件和模式，则工程量的对比维度仅增加人为建模误差，不足以起到多方位深入维度比对的效果。

2. BIM 团队基础建模软件与之不匹配，模型利用率低

在 BIM 项目实施的过程中，建模团队为进行前期的设计碰撞检查，景观漫游渲染等应用，选用了行业内较为通用的建模软件 Revit 软件进行建模，Revit 软件中的模型数据通过 BIM 数据格式中 IFC 的通用转换标准虽然也可以将 Revit 数据

23

转换到出量软件中，但传输过程不稳定，且丢失数据的情况时常发生，无法达到出量模型的要求，如果选用造价建模软件则需要重新按照图纸情况搭建重复模型，模型搭建耗时长，且搭建的模型用途单一。

综合以上两点和现有的项目 BIM 模型成果，光学元件 BIM 小组在选择了基于 Revit 软件运行的插件算量软件斯维尔 BIM for Revit 套包算量软件，该软件本身不具备操作界面，而是基于 Revit 的操作界面直接运行。在 Revit 内部进行模型映射时，BIM 出量人员也可以根据不同出量模型的特点进行自定义关联，调整内部识别关联规则，减少构件识别的错误，尽可能避免了由于构件数据提取错误所产生的工程量差异。

（二）BIM 工程量的提取

BIM 工程量的提取流程（图 1）主要由 8 个部分所组成：

1. 检查 BIM 模型、竣工现场、竣工图纸三者的一致性。

为保障进行提取工程量的模型能够正确反应工程建设消耗的真实工程量，在提量准备工作中，需要反复核查 BIM 模型是否和现场一致，以 BIM 模型完全体现竣工现场的实际情况作为核查结束的标准。

2. 检查模型的搭接扣减规则。

在进行提量工作前，应检查 Revit 模型在前期建模时是否符合清单计价规范的计算规则，例如土建部分墙板重合部位如何进行扣减；与扣减规则不符合的部位应在模型中直接进行调整。检查 BIM 模型、竣工现场、竣工图纸三者的一致性（反应现场情况）。

3. 同造价单位确定模型构件在结算清单中的分类。

为保障同造价单位的对量基础一致，尽可能规避清单编制时的分类错误，在出量前期就应和造价单位确定对量范围、基本流程、误差范围等重要标准，同时通过前期的交流，也需要确认 BIM 模型中每个对应构件结算清单中对应的清单项，以免遗失计量构件。

4. 在出量软件内部建立模型对应的映射关系。

软件在进行自动识别时，会因为构件命名误差或绘图采用类别不同等原因造成构件种类识别误差，因此在建立映射关系时需要人为干预匹配类别，将同造价单位确定的构件划分范围在软件中进行映射体现。

5. 导出 BIM 工程量表格与工程结算清单进行匹配。

BIM 工程量在导出后，仅按照实物量的格式进行排列，若要在同一基础上进行对比，则该表格需要按照结算清单项目进行梳理分类，以保证对量基础一致。

6. 根据相同基础的表格对比分析数据，计算量差，进行量差超额预警提示。

7. 分析对比量差原因，调整后重复操作对量流程。

8. 编制最终对量成果总结报告。

（三）BIM 工程量的对比

工程量对量报告作为出量流程中成果的体现，同时根据对量次数的不同，每版侧重点均不一致，但大体编制内容主要包括了对量依据、范围以及多方位的对比数据。

1. 第一版对量报表

在第一版对量报表中（表 1），每项清单需要填写的内容有 13 项，为保证对量表格与结算清单一一对应，对量报表中，其中 7 项与结算清单内容完全一致，包括项目编码、项目名称、项目特征等重要内容。

与造价单位对比的工程量主要通过相对量差和绝对量差两个维度进行，其计算公式如下所示：

$$绝对量差 = 结算工程量 - BIM 工程量$$

$$相对量差 = \frac{结算工程量 - BIM 工程量}{结算工程量} \times 100\%$$

绝对量差主要适用于大额工程量量差分析使用，通过直接相减两者工程量得到差异值。

相对量差主要适用于小额工程量量差分析使用，通过两者量差占比，可得到差异的占比值。

在第一次对量的过程中，若有清单项相对量差和绝对量差均大于 5 个计量单位，则该清单项会被计入重复对量的范围，分析两者量差原因，调整后重新进行计算。

2. 第二版对量报表

第二版对量报表（表 2）对量内容主要针对第一版中量差较大的内容，内容相较于第一版，除了保留上一版工程量的对量数据外，增加了核对后工程量和量差分析，即本次对量改动工程量的数据对比和引发此次数据变动的原因，附于每项需要重新核对的清单项目后，形成一一对应关系，以便于更好地追溯发现差异的原因以及修正的流程。

3. 对量总结报告

在消除了两者的误差后，分专业、分建筑楼栋对本次对量的各项数据进行统计、归纳、分析形成 BIM 工程对量总结报告（表 3）。并在报告中分节点简要说明

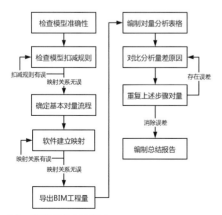

图1 BIM出量基本流程图

混凝土及钢筋混凝土工程BIM工程量对量报表（第一版）部分内容

表1

序号	项目编码	项目名称	项目特征描述	计量单位	清单工程量	过控工程量	BIM工程量	绝对量差	相对量差	BIM工程量名称	工程量计算式	备注
15	010501001015	垫层 C15	1.混凝土种类：商品混凝土 2.混凝土强度等级：C15 3.其他：应满足设计、相关规范及技术要求	m³	131.26	312.18	108.81	203.369	65.14%	垫层体积	VPD（垫层体积）+VZPD（垫层制定体积）	
16	010501004016	筏板基础 C30 P6	1.混凝土种类：商品混凝土 2.混凝土强度等级：C30，抗渗等级P6 3.其他：应满足设计、相关规范及技术要求	m³	645.91	655.76	711.32	−55.56	8.47%	筏板体积	VM（体积）+VZ（体积指定）	
17	010501003017	独立基础 C30	1.混凝土种类：商品混凝土 2.混凝土强度等级：C30 3.其他：应满足设计、相关规范及技术要求	m³	305.62	308.79	308.83	−0.04	0.01%	独基体积	VM（体积）+VZ（体积指定）	

混凝土及钢筋混凝土工程BIM工程量对量报表（第二版）部分内容

表2

序号	项目编码	项目名称	项目特征描述	计量单位	清单工程量	过控工程量	BIM工程量	绝对量差	相对量差	BIM工程量名称	工程量计算式	备注
15	010501001015	垫层C15	1.混凝土种类：商品混凝土 2.混凝土强度等级：C15 3.其他：应满足设计、相关规范及技术要求	m³	131.26	312.18	108.81	203.369	65.14%	垫层体积	VPD（垫层体积）+VZPD（垫层制定体积）	
			核对后工程量	m³	131.26	683.181	675.23	7.861	1.15%	垫层体积	VPD（垫层体积）+VZPD（垫层制定体积）	
			量差分析	由于计算换填量的计算规则不一致，导致双方商定后合并两者共同计算，过控单位工程量共计683.181m³，BIM单位工程量675.23m³，双方相对量差为7.861m³，绝对量差为1.15%，在允许的对量误差范围内									

混凝土及钢筋混凝土工程BIM工程量汇总报表部分内容

表3

楼号	结算清单项数量	BIM清单项数量	BIM出量占比	绝对量差在5个计量单位以内的清单项（占比）	绝对量差在5个计量单位以上的清单项（占比）	相对量差在5%以内的清单项（占比）	相对量差在5%以上的清单项（占比）
—	30	23	76.67%	16（69.57%）	7（30.43%）	13（56.52%）	10（43.48%）
—	33	20	60.6%	13（65%）	7（35%）	12（60%）	8（40%）
—	27	21	77.7%	15（71.43%）	6（28.57%）	14（66.67%）	7（33.33%）
—	24	13	54.17%	7（53.85%）	6（46.15%）	7（53.85%）	6（46.15%）
—	25	19	76%	14（73.68%）	5（26.32%）	11（57.89%）	8（42.11%）
—	25	16	64%	12（75%）	4（25%）	11（57.89%）	5（31.25%）
—	20	15	75%	9（60%）	6（40%）	9（60%）	6（40%）
—	15	13	86.67%	13（100%）	0（0%）	8（61.54%）	5（38.46%）
说明	混凝土及钢筋混凝土工程BIM未出量清单项主要为圈梁、过梁以及零星混凝土部分，原因如下： （1）圈梁、过梁以及零星混凝土图纸中并未明确标注； （2）现场因为建筑装饰装修完工导致已无法再次对圈梁、过梁以及零星混凝土进行现场核查； （3）圈梁、过梁以及零星混凝土部分涉及的工程量占总比不足5%						

量差的主要影响因素、BIM 出量清单项占比以及调整工程量数据等关键信息。

在该项目的 BIM 对量的过程中核算项目清单工程量 694 项，通过 BIM 核算清单项约占总清单项 75%，其中外立面专业核算占比最高，核算占比达 90% 以上，给水排水专业核算占比最低，核算占比 35% 左右。各专业首次对量结束后，需进行二次对量的清单项目约占 BIM 核算清单项目的 25%。

最终调整结算清单工程量共计 23 项，涉及调整的结算约 40 余万元。

三、实例分析总结

（一）应用优势

1.相同的对量基础，不同的出量流程

在对量的过程中，两者的对量基础始终与清单计价规范的要求保持一致，但 BIM 团队主要参考竣工现场作为模型的搭建依据，两者的建模依据不同，出量基础也不同（图 2）。

通过对比分析得到的对比工程量报表，不但校对了工程量数据的准确程度，同时增加复核的维度，检查了竣工图纸是否准确体现竣工现场的情况，同样起到了复核模型是否搭建准确，可否供于竣工后项目长期的运维工作使用的作用。

2.建立模型核查平台，确保模型与现场一致

BIM 提取工程量的基础是建立在搭建准确的模型上，为确保项目搭建模型与项目中实际施工情况相符合，现场 BIM 团队的工作人员进行了大量的模型现场核查工作。截至项目竣工，BIM 团队工作人员共计进行模型核查现场记录 13678 条，日均核查记录 18.7 条。

面对处理如此庞大的核查数据，同时也为了避免核查数据的丢失，方便现场模型核查数据的快捷统计，BIM 团队创建了与项目现场实际相符合的信息录入平台，录入的基础基于设计院出具的轴网、专业划分确定具体位置，变更现场的核查，工程进度的核查，均登记于该平台中，同时分配权限给现场的参建单位，模型核查的结果将同步更新到现场所有参建单位，模型与现场不符时，分析差别因素，并通知相关责任单位进行整改回复。

（二）存在的问题及解决思路

1.外部问题

1）项目设计变更的下发版本内容混乱，电子版同纸质版不对应，影响双方结算依据，资料传递流程需要优化。

设计变更由建设单位下发，流程较为烦琐，同时对于每一个传递环节的工作环要求都较为严格，一环出错引发环环出错，进而导致参建单位没有办法及时准确地收集到变更信息，BIM 模型未及时更新，现场也未及时跟进。

建议由建设单位牵头，BIM 团队辅助，建立统一管理变更文件的信息平台，改变传递为发布方式（图 3），及时更新文件信息，信息源头一致且可追溯，减少中间环节，从而提高文件的传递效率和准确度。

2）在未形成正式的结算报表前，结算工程量大多并未严格按照清单列项规范统计，不满足对量的基础形式。

由于造价单位需要结算整个工程项目的各项费用，结算周期较为紧迫，解决上述问题需双方对量人员在进行对量操作前，拟订清楚对量的形式表格，同时应对表格内容进行充分的说明，双方单位对量人员参与出量时，工程量均直接填写在规定的一致表格中，不但规范出量操作，更加方便后期两者工程量的对比工作。

3）造价单位提供的工程量主要是按照清单计价规范编制的清单工程量，BIM 模型提供的工程量主要以模型搭建的实物量为主，两者从定义上存在偏差。

在实际对量操作的过程中，通过二次对量流程分析，发现部分工程量存在由于数据基础定义不一致产生的量差，此现象在钢结构和机电管道专业中最为突出，以钢结构专业为例，造价单位计算依据吨数进行计量，但模型中的实物量仅可提供体积，同时还未计入钢结构节点损耗。

面对这样的问题，在和建设单位、造价单位讨论一致的原则上，建议梳理出存在基本对量原理不一致的清单项，由建设单位牵头，按照竣工图为参考，统一到现场进行部分部位的抽测核算。

2.内部问题

1）BIM 团队前期使用的建模规范

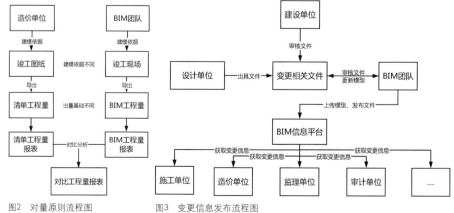

图2 对量原则流程图　　图3 变更信息发布流程图

与出量软件不匹配。

由于现场 BIM 团队主要根据前期的 BIM 应用点的需求进行模型的搭建，未对算量模型中需着重注意的构件搭接、构件的命名格式采用规范化、统一化的操作流程，在模型构件映射的过程中，需重复多次对构件的分类进行调整。

建议后期如果涉及 BIM 工程量清单对量的应用点时，在建模前期规划时期应考虑按照清单编制的项目特征进行构件命名和绘制要求的细分，以免在出量的过程中多次重复修改模型参数，影响出量精准程度。

在每次出量完成后，BIM 团队均会总结分析因构件分类、命名等因素造成的量差项目，并且根据其划分的项目特征，为出量的模型编制算量模型的建模规范（图4），以作为约束前期建模行为的重要措施之一。

算量软件建模规范主要基于《房屋建筑与装饰工程工程量计算规范》GB 50854—2013（2013 年版）建筑信息模型建模行为，统一算量模型的命名方式、属性设置、绘制方法等。通过项目编码使绘制的模型能与清单要求进行一一对应，根据清单中要求项目特征调整对应的命名以及增减实例属性、类型属性的设置，从而使出量模型与之应用目的更加贴切。

2）BIM 出量软件目前同清单的绑定程度有待加深。

目前国内 BIM 应用主要是通过 Revit 建立基础的模型数据，但建立完成模型后往往没有很好对其中的数据进行精细的统计分析，大多基于 Revit 的出量软件在调用建模软件中的数据时，并未与本土化出量需求进行很好地匹配。

建议软件厂商在制定软件规划其内在逻辑时，借鉴工程造价专业的出量软件的逻辑和功能，同时深度剖析经典工

程在工程造价过程中的侧重点，以实际的工程项目的实际需要作为指导，以成熟的专业算量软件作为参考。不断优化和完善软件的使用功能。

3. 应用总结

通过 BIM 模型计取工程量只是 BIM 应用于项目全过程生命体系中的部分应用点，但从实际项目分析，不难看出，不同的 BIM 应用点，对 BIM 模型的精度、构件的附属信息、现场的对接流程要求均不一致。在项目全过程生命体系中运用 BIM 模型时，应秉承尽可能保证模型的重复利用，建立模型的全过程编码体系，规范约束模型的更迭、上传、保存流程。

为确保 BIM 可以在全过程生命周期得到落地使用，作为 BIM 从业人员，更应该深入一线项目现场，熟悉全生命周期建设项目的各个环节存在优化空间的重点，真正做到以服务工程项目本身为

核心理念，以 BIM 技术手段作为优化思路，避免出现以"为做 BIM 而做 BIM"的情况出现，切实落地、细化各项 BIM 技术手段的实施理念，为工程建设本身和公司带来实际利益。

结语

本文通过对实际项目的操作流程的分析总结，认为要使 BIM 应用落地于工程量的核算，需首先根据项目实际情况，制定适合项目的对量流程；其次应重点优化项目各种影响工程量的文件传递流程，确保工程量核算文件的及时性、有效性和真实性；最后应当做好项目各方参建单位的沟通工作，明确参建各方在对量过程中的职责范围，在做好上述基础条件后，利用 BIM 核对工程量才具备合适的实施条件，使 BIM 在项目的实践过程中给项目本身以及公司带来更大效益。

项目编码	010401003	项目名称	实心砖墙	构件名称格式	构件名称—墙体类型—砖品种、规格
				构件名称实例	实心砖墙—隔断墙—120方砖
构件类别	墙—基本墙	类型属性	1.砖材质 2.厚度	实例属性	1.项目编码（清单编码前九位） 2.顺序码（清单编码后三位）
绘制方法	1.选择"建筑—构建—墙"点击进入绘制界面（注意按照建模图纸的承重要求）； 2.在属性栏中点击"编辑类型"执行复制该类型墙族，同时按照建模图纸中的信息和命名要求修改族命名； 3.点击"构造—结构"按照建模图纸调整墙体厚度和砖材材质； 4.确定保存以上设置的编辑类型后，在上方修改栏中按照建模图纸调整绘制墙的标高以及深度（若有偏移等类似需要请一并设置）； 5.在平面视图中根据建模图纸的位置标注完成绘制墙构件操作				
说明	1.请注意：绘制墙体时，如遇同一直线上存在多根竖向构件（例如暗柱、框架柱等）则墙体应该绘制至竖向构件沿边缘处，不可拉通绘制与竖向构件发生重叠，注意墙体断开； 2.注意绘制完毕墙体构件时，应在三维视图中复查墙体的标高是否设置正确，若存在标高问题，则在属性栏中对其进行调整； 3.实例属性中的项目编码，和规范中九位编码保持一致； 4.顺序码应按照清单编制单位编制清单中对应清单编码后三位进行填写，若无项目清单，则此项不填写； 5.请注意区分墙体是否为承重墙体，对应勾选墙体右侧结构选项； 6.请注意设置材质时是否需要采用材质贴图显示样式				

图4 算量模型土建建模规范部分内容

如何编制技术复杂分部分项工程的监理实施细则

蔚梁　张燃

摘　要：根据相关规范标准的规定，本文针对技术复杂分部分项工程监理实施细则的编制进行探讨，从需要编制监理实施细则的技术复杂分部分项工程识别开始，讨论了技术复杂分部分项工程监理实施细则编制的准备工作、编制要点及注意事项，并给出了监理实施细则编制的相关建议。

关键词：监理实施细则；技术复杂分部分项工程

根据现行国家标准《建设工程监理规范》GB 50319—2013 和北京市地方标准《建设工程监理规程》DB11/T 382—2017 的规定，监理实施细则是指针对某一专业或某一项具体监理工作的操作性文件，是项目监理机构根据监理规划制定的监理工作具体操作程序和工作步骤的文件。笔者在监理行业的从业经历中，多次发现监理实施细则在现场实际监理工作中操作性不强，未起到应有的指导现场监理工作的作用。通过在北京市监理行业后备人才培训班上的学习和研讨，结合实际工作体会，笔者对如何辨识需要编制监理实施细则的技术复杂分部分项工程、如何编制好监理实施细则，有所感悟，形成此文，与业内同行分享。

一、技术复杂分部分项工程识别及监理实施细则编制准备

（一）识别需要编制监理实施细则的技术复杂分部分项工程

根据《建设工程监理规范》GB 50139—2013，"对专业性较强、危险性较大的分部分项工程，项目监理机构应编制监理实施细则"，而北京市地标《建设工程监理规程》DB11/T 382—2017 在此基础上，增加了"技术复杂"的分部分项工程编制监理实施细则的要求。应该说，"专业性较强"可以包含"技术复杂"，北京市地标将"技术复杂"单独提出要求，是对国标的细化。

对于如何理解和界定技术复杂的分部分项工程，不同项目监理机构可能有不同的理解，例如针对特定的分部分项工程，无相关监理工作经验的项目监理机构可能将其识别为"技术复杂"的分部分项工程并编制监理实施细则，而具有相关监理工作经验的项目监理机构则可能不将其列为"技术复杂"而不编制监理实施细则。

通过培训班的几次专题研讨，笔者认为，一般情况下可以将采用"四新"技术的，尚无技术标准的，项目监理机构第一次接触的施工技术、专业交叉较多容易产生质量通病或质量问题的分部分项工程，识别为需要编制监理实施细则的技术复杂分部分项工程。例如采用新材料、新工艺、新技术、新设备的工程、大体积混凝土工程、特殊模板体系、

劲性混凝土工程、预应力工程、地质复杂的地基与基础工程、大型钢构件现场施焊作业及其他易发生工程质量通病的分部分项工程等。

不同工程项目及不同专业涉及的技术复杂项不尽相同，且技术复杂项识别界限不易清晰界定，而识别技术复杂项是监理实施细则编制的第一步，是编制有针对性和可操作性监理实施细则的基础，也是使监理工作落到实处的重要保证，因此在监理实施细则编制前，应重视"准确识别技术复杂的分部分项工程"。应特别注意的是，监理实施细则不能为编而编，不能将没有技术难度的通常技术或是施工工艺，例如通常的钢筋、模板、混凝土工程等，识别为"技术复杂"。监理实施细则本身没有"全"或"不全"的问题，不在于"有"，而在于"做"，应强调要按照所写的去做。

识别出的需要编制监理实施细则的技术复杂分部分项工程，应列出清单，与需要编制监理实施细则的专业性较强分部分项工程和危险性较大分部分项工程清单，一并列入监理规划。

（二）编制技术复杂分部分项工程监理实施细则的准备工作

在识别出技术复杂的分部分项工程后，项目监理机构需要熟悉和掌握与相应分部分项工程有关的设计文件以及涉及的标准规范，做好监理实施细则编制准备工作，具体包括熟悉施工图设计文件、施工组织设计、施工方案、规范标准、监理规划等。相关资料的掌握越全面，监理实施细则的编制就可以越具针对性和可操作性。

1. 熟悉施工图设计文件

为详细了解项目情况，编制有针对性的监理实施细则，开始编制前，专业监理工程师应当熟悉施工图设计文件，了解项目技术复杂分部分项工程的细节，并重点熟悉和掌握设计文件中提到的关键部位的做法、相关要求、重要节点，以及易出现质量问题的其他关键部位。

2. 熟悉施工组织设计及施工方案

在熟悉施工图设计文件的基础上，项目监理机构应当结合设计文件，对审批通过的施工组织设计及施工方案进行分析，了解施工工艺及施工组织部署，根据施工组织设计及施工方案的内容识别出施工过程中的监理质量控制要点，制定有针对性的监理控制措施。

3. 熟悉规范标准

为确保监理实施细则的内容与现行国家标准规范的要求相一致，监理实施细则编制前，项目监理机构应当有针对性地学习现行国家标准规范中对该技术复杂分部分项工程的有关规定，重点了解规范中有关主控项目、一般项目的验收规定，以及材料、构配件质量控制的相关规定，明确允许偏差范围及验收合格标准，并将部分重要内容在监理实施细则中明确列示。

4. 充分理解监理规划

监理规划作为指导现场监理工作开展的纲领性文件，也是监理实施细则编制的重要依据，监理实施细则编制前，项目监理机构应当对监理规划的内容进行仔细学习，重点掌握与拟编制的"技术复杂分部分项工程监理实施细则"相关的监理工作流程、监理工作制度、岗位职责以及质量控制、进度控制、投资控制、安全管理、合同管理、信息管理等内容，结合上述内容和技术复杂分部分项工程的专业特点，细化各项监理工作，最终形成监理实施细则中有针对性的监理工作流程和措施。

5. 确定编制框架，明确章节划分

在《建设工程监理规范》和《建设工程监理规程》中对监理实施细则编制应包含的内容均有明确规定，即监理实施细则应包含：专业工程特点、监理工作流程、监理工作要点、监理工作方法及措施等4章。在编制过程中也可根据具体项目特点适当增加章节和内容。

编制监理实施细则，首先应该确定是否需要根据项目特点，在上述4章的基础上补充章节，并确定计划编制的章目录，即确定一级目录；一级目录确定后，再对每章内容加以分析，分别确定节目录，进而形成二级目录；必要时也可以进一步确定三级目录，最后根据项目实际情况对内容进行完善。

二、技术复杂分部分项工程监理实施细则编制要点

（一）专业工程特点编制要点

专业工程特点应针对相应技术复杂的分部分项工程展开描述，需要编写哪部分的监理实施细则，专业工程特点就应该具体围绕哪部分来写。例如大体积混凝土工程，专业工程特点就应体现混凝土浇筑体量、施工工法、施工顺序、质量保证措施及预防质量问题的措施（如材料质量控制方法、浇筑温度控制方法、养护方法、防止大体积混凝土开裂的措施等）。上述内容在专业工程特点中都应准确表述，以便通过监理实施细则准确对应这些特点，制定有针对性的监理控制要点，使后期监理工作有章可循。

（二）监理工作流程编制要点

监理工作流程应细化到人、职责、

方法，并具有针对性，可以采用流程图的形式进行编制，其优点是结构清晰、一目了然。监理工作流程的内容应根据监理实施细则针对的分部分项工程所涉及的工作内容进行编写。比如针对材料质量控制流程，可从材料进场报验、材料见证取样、不合格材料处置等角度分别编写流程，并针对该分部分项工程涉及的材料具体分析，比如钢筋进场时应检查其牌号、规格、质量证明文件等内容。

（三）监理工作要点编制要点

在监理工作要点的编制过程中，应以监理主要工作内容为编制方向，重点突出主要工作，明确工序过程控制的重点及合格标准。

在监理工作要点编制过程中，编制人员首先应当充分理解监理工作内容，了解监理在现场工作中应当干什么、如何去干、合格的判断标准是什么，只有对监理工作有了充分的了解，才能够正确把握监理工作要点并予以表述。这些监理工作的展开除一定工作经验的积累外，需要对国家相关法律法规和技术标准有充分的了解，结合各项要求进行此部分内容的编制。比如在钢结构监理实施细则中的监理工作要点部分，应当对钢结构焊缝的外观质量的合格判定标准进行列举，以便指导现场监理人员参照执行。

（四）监理工作方法及措施编制要点

通过查阅相关资料并进行总结，笔者认为可以通过国家现行规范的内容对监理工作的方法进行提炼，监理工作方法可以分为以下几类：

1. 审核、审查：比如对施工方案、施工单位资质、材料构配件的报验资料、施工过程中的质量控制资料、施工完成后的报验资料等进行审核。

2. 巡视、旁站、见证：比如施工现场巡视检查施工单位管理人员到岗情况、施工机械设备配备及运行情况、施工工艺、工序做法；对混凝土浇筑等内容进行旁站；材料见证取样送样等。

3. 检查、平行检验、验收：比如检查模板安装垂直度、验收钢筋安装检验批、对混凝土强度进行平行检验等。

4. 记录、指令、报告：比如将监理工作情况记录在监理日志中；将现场问题通过工作联系单、监理通知单等形式要求施工单位整改；向业主提交监理报告、工程质量评估报告等。

5. 会议、约谈、函件：比如定期组织召开监理例会；就质量问题组织专题会议；约谈施工单位相关负责人等。

6. 支付管理、合同管理：比如对变更工程量进行现场签证；对现场施工进度进行计量确认、签署工程款支付申请；进行索赔管理等。

对于监理工作措施，监理人员应准确理解其含义。监理工作措施应是监理工作方法的进一步延伸，其内容应当从"组织措施、技术措施、合同措施、经济措施"四个方面展开。在组织措施中，应重点针对人、质量安全管理体系、现场施工组织等的控制措施进行表述；在技术措施中，应重点把握设计文件、规范要求、合同及监理规划、施工方案、技术交底等内容的检查及审核；在合同措施中，应根据施工合同及监理合同的内容采取相应措施，严禁脱离合同约定。现场质量、安全、进度、造价的管理，从严格要求按图施工、样板先行、制定巡视检查计划等方面展开。在经济措施中，建议建设单位充分利用奖惩制度，明确各项奖惩制度及判定方法。

三、监理实施细则编制中常见问题及注意事项

（一）要突出"监理"的实际工作内容

工作中经常会发现，有的监理实施细则在编制过程中未能正确把握编制主线，没有将项目监理机构当作主体，不注意以"项目监理机构"为主语来表述。编制人员在熟悉和研究施工方案及设计文件后，直接将施工工艺罗列至监理实施细则的章节中，在监理实施细则中过度强调施工工艺做法，忽略了对监理工作要点的把握。

在监理实施细则编制过程中，要以"项目监理机构""总监理工程师""专业监理工程师""监理员"等为主语，结合施工工艺及施工部署是必要的，但不等同于可以直接作为监理实施细则的内容，不能照抄施工工艺或施工方案，应当对相应施工工艺及部署进行分析后，以项目监理机构的动作为出发点，将控制要点在监理实施细则中予以表述。

（二）要结合工程具体特点

对于技术复杂的分部分项工程，在编制监理实施细则前首先应对技术复杂项进行识别，例如大体积混凝土工程可划分为技术复杂项，二次结构构造柱混凝土工程可划分为一般技术项。不同工程项目及不同专业涉及的技术复杂项不尽相同，且没有明确的识别界限，导致编制人员不能对技术复杂项进行有效识别。

由于编制人员水平参差不齐，对专业工程特点把握较为模糊，仅从施工图纸设计说明中对工程概况进行摘录，未结合现场实际施工中可能遇到的诸如狭小施工场地、复杂施工工艺等情况进行

分析，不能准确描述具体特点，是普遍存在的一个问题。

（三）要强调监理工作流程的可操作性

监理工作流程的编制在整个监理实施细则中起到很重要的作用，其后续章节是根据工作流程的内容具体拓展描述的，工作流程组织是监理实施细则的纲领性内容，决定了监理实施细则的编制水平。

有的监理实施细则在编制过程中，编制人员未对相应工程的控制要点进行全面分析，进而导致无法对相应的流程组织要点准确把握，以至于最终体现为工作流程环节缺失、无针对性。

笔者认为在监理工作流程的编制方面应尽量具体，应紧扣现场实际工作，从不同角度进行考虑，抓住相应控制要点，包括施工方案审批、材料质量控制（如进场复试）、隐蔽工程、检验批、分项工程的质量控制及验收流程等内容，但需注意上述内容应结合监理规划、施工方案等文件有选择性地在监理实施细则中列明。

（四）要重点描写监理工作要点

经分析，有的监理实施细则无法正确把握监理工作要点，可能原因为编制人员未能正确理解监理的工作内容，例如编制人员对需进行见证取样的材料类别不了解、对需要旁站的项目不明确、对具体检查验收的项目及方法不熟悉、从哪些方面进行控制不清楚，自然无法在监理工作要点部分进行准确描述。

（五）要列示监理工作具体方法或措施

有的监理实施细则编制人员无法清晰划分监理工作方法及措施之间的区别，在此部分编写时通常将两者混为一谈，导致该部分内容之间穿插重复、条理不清或缺失，更无从谈起对现场具体监理工作的指导意义。

监理工作方法或措施要具体，具体到细节，具体到执行人，具体到不同材料和施工工序，不能套用"通用细则"。

（六）内容要具有针对性

笔者曾与多位监理人员进行沟通，发现监理实施细则编制完成后无法对现场实际监理工作起到具体的指导作用，缺乏可操作性。笔者认为除上述内容缺失的原因外，另一个原因就是由于监理实施细则的内容不具有针对性。监理工作流程组织的内容多为工程项目监理工作的通用流程，与监理规划中的工作流程差别不大；监理控制要点只是套用相关规范的规定，未针对具体编制监理实施细则的分部分项工程进行细致描述，没有将现场实际情况与相关规范结合进行详细分析，内容宽泛不具体。

此外，编制人员未结合相应分部分项工程的具体要求，因不熟悉施工组织设计、施工方案，对相应施工工艺不了解，无法把握相应分部分项工程的技术要点及难点，对分部分项工程施工过程中的技术复杂程度不能有深刻认识，导致编制的监理实施细则不具备针对性，无法在监

理工作开展过程中实现指导意义。故应在监理实施细则编制前，仔细学习设计文件、施工组织设计、施工方案等内容，充分了解现场施工工艺和施工部署。

（七）用词用语要规范

部分监理人员在规范学习过程中不注重用词的准确性，规范应用过程中只知道大致含义，例如不能准确把握规范中"宜、应、必须"等词语的含义及要求严格的程度，导致在监理实施细则中，由于语言习惯及其他原因，出现用词不当、表述不清、口语化、方言化等问题。在编制监理实施细则过程中应当注意，不恰当的措辞让内容显得生硬与不通顺。

相关法律法规中对各方工作人员的称谓有明确的规定，但监理实施细则的实际编写过程中经常出现如"监理工程师、承包单位、甲方"等词语，应准确使用"总监理工程师、监理人员、项目监理机构、施工单位、建设单位"等词语，进行正确表述。

结语

监理实施细则是监理工作实际操作的指导性文件，在编制过程中应突出针对性，紧密结合工程特点、技术规范的同时确保内容齐全准确具有可操作性，起到真正意义上的指导现场监理工作开展的作用。相信只有不断发现问题、改进现状、总结经验，才能使监理工作高效、有序进行，真正发挥监理作用。

浅谈深基坑支护工程质量控制及安全管理

金永根

广东恒信建设咨询有限公司

超高层建筑设计除需要考虑基础埋深外，还有就是地下空间的有效利用。一些大都市建筑地下室基本在两层及以上，随着地下室加深，基坑质量、安全风险问题越来越突出。如果出现质量、安全事故很难补救，对人民财产、生命会造成极大损失。《建设工程安全生产管理条例》《建设工程质量管理条例》强调建设工程安全责任制、建设工程质量终身制，所以加强基坑支护工程质量、安全控制是重中之重。

本文根据东莞市负4层地下室深基坑工程全过程监理浅谈深基坑支护工程的质量控制和安全管理。

本项目现场四周为市政道路，道路下面有管线，道路外侧为布料批发市场及部分居民楼，场地东侧有2栋、西侧有1栋为两层钢筋混凝土结构，基础形式为天然基础；其余侧房屋为2~8层楼的钢筋混凝土结构建筑，基础形式为桩基础。项目周边人员及车辆流动极大，场地四周均为基础不十分明朗的居民建筑，距离基坑开挖线较近，且场地砂层较厚，对基坑支护体系与止水要求非常严格。拟建场地用地面积约1.3万 m^2。4 层地下室，地下室利用空间到了极限，支护体系外侧与用地红线和场地围墙重叠。基坑开挖深度约为16.50m，本基坑

支护工程设计安全等级一级，采用钻孔咬合桩＋两层内支撑支护。支护桩桩径1.2m，桩间距1.8m，咬合0.3m。

该基坑支护工程施工有以下难点：

1. 该工程地处闹市区，周边东、南、西面有居民多层住宅，施工期间存在扰民，周边居民投诉，影响施工进度。

2. 该工程四周首层都是布料批发商业区，交通严重拥堵，特别是上午十点至下午五点车辆人流量大，影响施工进度。

3. 该工程是原先布料市场拆除后的场地，存在建筑垃圾和未清理完的旧基础，对施工质量造成影响。

4. 场地较小，工地围挡已占用周边一半车道，现场加工区、办公区比较紧张，工人全部在场外租房。

5. 四层地下室，立柱桩施工上面段有16m 空桩，存在风险。

工程开工前，建设单位已安排第三方对周边地下管线进行了物探。对周边建筑物进行了评估，并购买了保险。根据以往雨季调查本项目处于低洼处，下大雨时会出现雨水倒灌现象，建设单位已要求施工单位开工前对围挡下脚浇筑30cm 高挡水坎。工地大门口随时备用沙袋挡水。

广东恒信建设咨询有限公司（以下

简称"公司"）根据监理合同、规范、强制性条文、广东省及东莞市相关文件、专家论证通过的基坑支护图纸、专家论证通过的施工组织设计、专家论证通过的监测方案组织监理架构，制定监理规划、安全监理规划、安全监理制度、安全监理应急预案、相关监理实施细则，对该基坑支护工程进行三控制、三管理、一协调的监理工作。

质量方面：

工程施工前公司对施工单位资质、管理人员、劳务班组、工程业绩进行审查，对施工单位正在施工的其他项目及已施工完未回填的深基坑项目进行现场考察（如深圳市中州大厦深基坑项目）。对施工单位现场放线进行复核，控制好桩位，以便导槽施工。对进场设备、特种作业人员进行审查，对进场的原材料进行见证取样送检，在旋挖灌注桩施工前对施工单位进行安全技术交底，在施工过程中安排监理人员全过程旁站。咬合桩标高控制：设计支护桩以控制标高及咬合桩的深度，施工单位、监理对现场甲方提供的规划坐标标高控制点进行复核无误后要求施工单位保护好控制点，将标高点引到导槽面，在施工导槽时控制好导槽面标高。通过导槽面标高控制咬合桩的施工深度。该工程基坑支护方

案为咬合桩—荤一素桩，施工规范、施工方案要求防坍孔现象，在施工过程中必须间隔两至三根桩施工。素桩主要是止水作用，荤桩除止水外主要是抵抗侧压力作用，在施工过程中先施工素桩。基坑支护图纸要求控制咬合桩素桩混凝土初凝时间为60~70小时，即在素桩初凝前施工荤桩咬合，在实际施工过程中不可行，荤桩施工时素桩强度不够无法咬合，存在渗水风险，根据现场施工调整在素桩混凝土初凝后终凝前施工荤桩才正常。桩的垂直度控制，现场监理和施工单位人员除了观察旋挖机钻杆垂直度外，还要经常进入旋挖机内看控制钻杆、钻孔垂直度的仪表盘，如有偏差及时要求司机调整。因本工程场地原先为布料市场，地下存在遗漏的旧基础，施工过程中碰到旧基础，施工单位换用破中风化岩层的金钢钻钻通旧基础施工，以免影响桩偏位。根据地质报告中描述的地下水位在地表下2m位置，水位较浅土质还好，有利于防坍孔，施工时泥浆护壁的泥浆要求施工单位根据现场情况采购到位，不定期对泥浆比重检测。在成孔后及时用泥浆清孔，达到成渣厚度少于10cm时马上放钢筋笼，放完钢筋笼要求在两个小时内浇筑混凝土，以免泥浆稀释造成坍孔风险。对钢筋及混凝土质量控制：钢筋品牌为甲方指定品牌，进场后监理核对其合格证、厂家资料现场型号规格是否与合同相符，符合

要求后现场取样见证送检，合格后才能用于工程中；混凝土为预拌混凝土，考虑到运输距离，考察施工单位选定的搅拌站后建议供应水下混凝土，其原材料为砂石，可避免使用海砂；在混凝土进入工地后进行坍落度、氯离子含量检测，若不符合要求直接退货。在混凝土浇筑过程中严格控制提管速度，监理在旁边监督混凝土埋管深度，用测绳测混凝土浇筑深度，提混凝土管。同时在浇筑过程中关注和控制钢筋笼浮笼风险。支护咬合桩施工完成后达到混凝土龄期，破桩头按设计要求对桩的完整性做小应变检测，基本符合要求，建设单位单独要求随机选桩对桩进行抽芯，按规范要求大于等于1m直径桩要求一桩两孔抽芯，现场抽芯芯样完整，满足设计要求。

对立柱桩施工，该工程为4层地下室，立柱桩上面段是钢结构立柱，下面段是旋挖灌注桩。设计要求立柱桩桩端进入强风化不少于3m，存在16m深空桩，钢筋笼上浮不好控制，同时要与地下室工程桩核对不冲突，钢构立柱方向要核对好，以免影响后续支撑梁施工，施工有一定的难度。在立柱桩施工前，进场的钢柱、立柱桩用的钢筋原材监理要现场见证取样送检，合格后才能用于工程中，重点在立柱位放线，施工单位用全站仪放好后，监理按图纸复核符合要求后才可以开钻。

严格控制好桩的入岩深度和沉渣厚

度，沉渣厚度少于设计要求10cm厚后马上放钢筋笼，钢筋笼放到一定深度后与钢柱焊接连接，根据支撑梁的方向控制钢柱的方向，同时混凝土公司发料，确保施工的连续性，以免时间长出现坍孔或者沉渣增厚。

对基坑支护的冠梁和内支撑施工，根据现场的出土方向和顺序。第一层土因周边场地影响及为了抢进度，东北角和东南角采取同时两个出土口出土。第一道支撑先北面施工，后东面施工。待支撑梁混凝土达到设计要求70%后，再开挖下一层土，支撑从南面往北面施工。因最后出收口在南面。

施工完成后，经混凝土试块评定和现场小应变检测及抽芯检测基本合格。

安全方面：

基坑支护施工前建设单位安排了第三方对周边建筑物及地下管线进行了物探，同时甲方找了第三方评估公司对周边建筑物进行了评估，购买了周边建筑物保险，以免出现风险索赔。

对基坑支护施工期间，建设单位安排了第三方机构，根据专家论证监测方案两天一监测，监理单位每天对基坑支护周边进行巡查，总体比较稳定，整个基坑施工完成到验收时基坑的最大位移才8mm。

该基坑支护工程在东莞市质量、安全部门监督下经工程各方一起于2019年12月25日验收合格。

沈阳地铁9号线总监办管理经验总结

王雷钧

北京赛瑞斯国际工程咨询有限公司

沈阳地铁 9 号线于 2012 年底中标，2012 年 12 月初开始开展总监理工作，目前已经完成全线 21 座车站和 25 个区间的土建主体结构施工（部分标段附属工程和罩棚施工），铺轨单位进行全线轨道施工，车辆段进入装修和设备安装阶段施工，变电所进场结构施工完成。全线各标段风水电设备安装工程施工不在总监办合同内，但需要总监办配合。

一、总监办管理的总体思路是"程序化＋重点管理"的管理模式，针对不同标段的不同特点有针对性地采取相应措施

总监办工作内容主要分为三个部分：对标段监理单位监理行为的管理、对施工单位的管理、为建设单位提供服务。

（一）总监办对标段监理单位的管理

总监办对标段监理单位的管理要基于对监理合同深刻理解的基础上，对有关内容开展相关管理工作，督促标段监理单位做好本职工作，以监理工作效果为主抓方向，在日常管理工作中检查工作成果，对于工作不认真、出现工作纰漏、所辖标段出现重大安全质量问题的，总监办将建议工程二处对责任单位进行处罚。

总监办将依照标段监理单位的职责检查其工作成果。主要包括以下各个方面：

1. 检查标段监理单位的工程质量控制工作痕迹和成果。

2. 检查标段监理单位的工程进度控制工作痕迹和成果。

3. 检查标段监理单位的工程投资控制工作痕迹和成果。

4. 检查标段监理单位的工程安全生产管理工作痕迹和成果。

5. 检查标段监理单位的工程文明施工、环境保护监理工作痕迹和成果。

6. 检查标段监理单位对农民工管理的工作痕迹和成果，切实关心农民工在住宿管理、生活设施管理、文化娱乐、工资发放等方面的权益，加强农民工动态管理，防止劳务纠纷事件，检查施工单位的应急预案，积极解决突发事件。

7. 检查标段监理单位对商品混凝土和混凝土管片厂驻场管理工作痕迹和成果。

8. 检查标段监理单位对施工、材料采购合同签订及备案管理的工作痕迹和成果。

9. 检查标段监理单位应完成的信息管理工作，做好对本工程的协调工作，及时向总监办和主管工程处室上报相关信息。

10. 检查标段监理单位运用工地会议解决相关问题的能力和效果，对会议议题、内容、决议、提出的问题及问题的解决途径和交圈情况进行检查。

11. 检查标段监理单位监理工程师到现场是否穿带有本单位统一标识的工作服，佩戴沈阳地铁集团有限公司指定颜色并带有本单位标志、标识的安全帽。

12. 检查标段监理单位执行离沈请假制度情况，主要管理人员到岗履约情况，主要管理人员离沈要向主管工程处室请假，对施工单位主要管理人员离沈进行管理。

（二）总监办对施工单位的管理

总监办对施工单位的管理，总体上继续执行地铁建设集团工程二处以及各相关主管处室下发的各类文件，对施工单位的工程质量、履约进度、安全生产、文明施工、农民工管理、综合管理等方面的工作进行全方位指导和检查，及时下达管理指令和上报相关信息。对于进行附属结构施工的施工标段，今年重点控制暗挖施工的安全，符合程序化；对于进行主体结构施工的施工标段，重点控制主体结构的施工质量；对进行盾构施工的单位做好进洞、出洞和起重吊装安全控制以及盾构掘进期间的监测和测量工作；对于与铺轨基地相关的施工标段处于控制工期的关键节点的，重点对施工进度进行控制；对于工法变化较大、现场签证较多的施工标段，重点控制工程量审核，进行投资控制。

1. 质量管理工作

总监办质量小组开展日常现场工程质量检查和验收工作。除对各标段子单位工程首件、首段及分部工程进行预验收和参加联合验收工作外，总监办每周巡视检查施工现场（含管片、轨枕预制、预拌混凝土生产厂家）10~15标段次，组织对施工标段进行工程实体质量检查或内业资料检查。

总监办质量小组每日日常检查工作：

1）对存在混凝土结构施工的标段开展冬期施工方案审查和冬期施工物资准备，落实冬期施工措施的检查。

2）对进行围护结构施工的土建标段进行现场质量检查，控制围护桩钢筋笼加工工艺和冠梁加工工艺与安装。

3）对进行基坑开挖施工的土建标段进行现场质量检查，控制围护桩侵限、网喷混凝土保护层厚度、土方开挖中的局部超挖欠挖、钢支撑架设、基槽放线等。

4）对进行车站或区间主体结构施工的土建标段和附属结构施工的土建标段进行现场质量检查，控制钢筋管理、加工、安装、首件制作、楼层放线、混凝土凿毛等。

5）对进行暗挖初支施工的土建标段进行现场质量检查，控制钢格栅加工和安装、钢筋网安装、小导管打设、开挖台阶；对进行暗挖二衬施工的土建标段进行现场质量检查，控制二衬钢筋绑扎、防水敷设、止水带设置、超挖部位保护层设置钢筋网等。

6）对盾构管片、预制轨枕、预拌混凝土生产的土建标段进行驻场监造工作检查。

7）对盾构掘进的土建标段加强测量管理和洞内外监测。

8）对需要联合验收的基坑验槽、主体结构钢筋首段验收、区间隧道二衬钢筋首段验收、盾构施工百环验收等进行预验收和按相关规定进行质量宣贯工作，并参加联合验收。

9）对盾构管片、预制轨枕、预拌混凝土生产厂家进行生产质量抽查，并对标段监理单位和施工单位的驻场监造情况进行检查。

10）配合质监处、质监站开展相应质量管理工作或开展其他专项检查、联合检查、线路互检工作。

2. 安全生产和文明施工管理工作

总监办组织成立安全文明施工检查小组，加强对各个参建施工标段的现场文明施工管理、安全生产管理的检查。对施工用电、机械使用、起重吊装、防止坍塌、防火防盗等安全管理的重中之重加强检查，把安全隐患消灭在萌芽状态。

根据沈阳市城乡建设委员会下发的《地铁工程年度文明施工红黑榜评比实施方案》的通知，总监办全力协助沈阳地铁工程处开展相关活动，进行检查和评比。

把安全目标确定为：实现"五杜绝、四把关、三消灭、二控制、一创造"。

对沈阳市重点关注的创文明城活动加强关注，落实七个百分百相关活动，开展飞行检查落实围挡整洁和扬尘治理相关措施。

3. 监测和测量工作

根据各年的施工特点，把监测数值是否超限作为控制施工安全风险的前提保证，因此，总监办配合安全处对各施工标段进行监测检查，每月不定期检查各标段监理的监测工作，对重要风险部位提前做出预警，组织各相关部门对预警部位进行分析并制定相应措施，无相应措施不得继续施工。

大部分车站和区间结构完成进入铺轨和铺轨准备阶段，铺轨的前提就是要进行调线调坡，因此，总监办对即将隧道贯通的标段，在贯通前做好贯通测量的准备工作，事先做好贯通前的点位布设方案，监督检查施工单位对完工车站、隧道的净空测量检测工作。

（三）为建设单位提供服务

为建设单位提供服务主要按照服从领导、做好配合的思路，随时完成业主布置的各项任务。

总监办对内管理，实行各专业均由专人进行管理，每个专业均对可能遇到的工程情况认真分析，采取对策，编制监理管理实施方案，进行有计划的、有针对性的管理。

随着工程进展，有可能出现一些新的工程状态，如主体结构甩项验收、二次砌筑开始施工、装修和风水电施工进场等，总体上有以下思路：

1. 对土建施工单位，总监办相应的管理工作继续落实地铁集团有关要求。主要做好：主体结构的甩项验收，二次砌筑施工要保证质量，区间隧道贯通后，做好贯通测量、断面测量、水准点移交工作，在移交铺轨单位前做好调线调坡。

2. 主体结构完成后，管线回迁及路面恢复也是一项主要工作，总监办将督促责任单位尽快实施且结算，避免遗留遗患。

3. 由于现场场地较小，风、水、电和装修单位进场前要做好工作面交接记录、办公区交接记录、临时仓库场地交接记录、安全和文明施工保证书及保证费用（可由业主代管，管理责任单位申请使用）、施工用电协议等准备工作。

4. 由于风、水、电和装修单位进场后，涉及多家施工单位、多家监理单位，甚至两家总监理单位的情况，必须实施地盘商制度。对场地进行划界，界内实施封闭管理；公共区实施交叉管理；对管理单位的管理权限进行时间、空间、管理范围等划界。总监办要对界外单位做好配合，做好界内单位管理，在公共区服从统一管理、配合工作和做好对下辖单位的分片管理。

沈阳地铁 9 号线总监办有信心在沈阳地铁建设集团公司的领导下，配合各个主管处室工作，使沈阳地铁的监理管理和施工建设上一个台阶，使全线处于全面受控状态，切实完成建设目标。

二、对沈阳市地铁 9 号线重大危险源进行过程控制

（一）通过工程进度计划、进度周报、日报及时掌握不同时段重大危险源施工工序的开始与结束时间，现场监督重大危险源部位、公示、警示、检查记录及施工过程中执行方案、安全技术交底等预控情况。

（二）检查现场施工方案的落实措施，应急预案的物资准备、储备及演练情况。

（三）检查管理组织机构的建立、岗位职责、人员分工及组织落实情况。

（四）对标段监理检查重大危险源监控措施、旁站记录、组织管理、责任落实情况。

（五）遇到重点、难点和施工中措施落实不得力的情况，及时组织召开现场专

题会，分析原因、排查隐患、消除隐患。

（六）检查安全管理人员在场、定岗情况，监督各种检查制度的落实和安全管理的实效性。

（七）定期现场检查，每周一次，每月一报。随时掌握现场施工信息，及时通报气象信息，进行动态管理。

（八）总监办设专人负责重大危险源管理与过程控制管理。

三、总监办配合质监处进行工程质量管理，首先进行质量管理交底

为贯彻落实沈阳地铁"百年大计、质量第一"的质量管理方针，进一步加强地铁施工质量管理，严格按照国家、省、市法律法规及沈阳地铁集团公司的有关要求，实现沈阳地铁工程质量管理目标，现对工程质量管理进行交底。

（一）工程质量管理目标

沈阳地铁工程建设质量管理的总目标是各项工程质量全部合格，工程质量达到省优，争创国优，全面提高参建人员的质量责任意识和地铁管理水平。具体目标是：土建各分项、分部和单位工程验收合格率达到 100%；杜绝重大工程质量缺陷和使用功能降低；杜绝因质量事故引起的地面坍塌、过量沉降、建（构）筑物损坏、道路交通中断、通信中断、停电、漏水、漏气等工程安全事故。

（二）工程质量管理依据

1. 现行《中华人民共和国建筑法》《建设工程质量管理条例》（中华人民共和国国务院令第 279 号）、《建设工程监理规范》GB/T 50319—2013、《城市轨道交通工程质量安全检查指南》（建质〔2016〕173 号）等国家、省、市颁布实

施的有关工程质量的法律、法规、管理标准和有关技术标准。

2. 《沈阳地铁工程质量管理办法》《沈阳地铁工程验收管理办法》等沈阳地铁集团公司颁布实施的相关管理制度。

3. 设计图纸、合同等其他质量相关文件。

（三）工程质量管理体系

沈阳地铁工程质量管理分为五级管理，即建设行政主管部门（市质监站）→建设单位（工程主管处室、质监处）→总监办→标段监理→施工单位。各级质量管理责任如下。

1. 建设行政主管部门：对工程实体质量及参建各方质量行为实施监督管理。

2. 建设单位：贯彻落实国家、省、市和上级主管部门有关施工质量的方针、政策、法律、法规、规程、标准、规范和有关指示、通报精神，督促总监办、标段监理单位、施工单位贯彻执行，并检查落实情况。

3. 总监办：受沈阳地铁集团有限公司委托，负责对沈阳地铁 9 号线全部土建工程、各类附属工程、临时工程以及商品混凝土和盾构管片、轨枕等预制构件的生产等实施质量监管。建立质量监督管理小组，协助业主督促并具体实施对参建标段监理单位和施工单位的质量管理工作，参与质量验收工作。

4. 标段监理：依照法律、法规以及有关技术标准、设计文件和建设工程承包合同，接受建设单位和总监办的管理与检查，对所管辖标段施工质量实施监理，对商品混凝土厂家和盾构管片生产厂家进行驻厂监造，并对施工质量承担监理责任。

5. 施工单位：依照法律、法规以及有关技术标准、设计文件和建设工程承

包合同，接受建设单位、总监办、标段监理单位管理和检查，对建设工程的施工质量负责。

（四）质量控制原则

1. 以设计文件以及国家和地方发布的施工质量验收统一标准、技术规范、规程、工程建设强制性标准为依据，全面实现沈阳地铁工程质量管理目标。

2. 以预控（预防）为重点对工程项目实施全过程的质量控制及管理，对工程质量实施事前、事中、事后控制。

3. 对工程建设的人、机、料、法、环等因素实施全方位的质量控制，确保质量管理和质量保证体系落实到位。

4. 坚持未经监理工程师审核或经审核其承包资格不合格的分包单位、供货单位不得进行工程分包或进行供货的原则。

5. 坚持未经监理工程师验收同意，建筑材料、构配件、设备不得使用到工程中的原则。

6. 坚持上道工序未经监理工程师验收合格，不得转序进行下道工序施工的原则。

7. 坚持样板引路的原则，对首件工序加工构件严格制作，进行封样示范，指导该工序的全过程施工。

（五）工程质量监督管理方法

工程质量监督管理采用以下几种方式进行。

1. 首先，工程主管处室、质监处和总监办审核标段监理单位和施工单位机构与人员的合规性；审查施工组织设计和专业施工方案与监理规划和监理细则；审核监理单位和施工单位的工作制度、质量管理体系；审核应持证人员（如"三类"人员、特种作业人员、测量人员、质检员、资料员等）的资格证。

2. 开展工程质量过程控制，工程主管处室、质监处和总监办采取对各施工标段进行巡查，或是随机对重点单位、重点标段进行抽查等方式，开展质量监督检查，对不符合工程质量控制管理要求的行为以通知单的形式责令其限期整改、立即整改或暂停施工，整改完成提供整改报告并经复查合格后方可进行下道工序施工或复工。

3. 每个月总监办对标段监理单位和施工单位进行现场检查，每半个月由总监办向地铁指挥部质量监督管理处汇报现场检查和整改情况，并形成质量管理记录，作为进一步对该参建项目机构乃至该企业年终考核的基础资料。

4. 根据工程施工进展的不同阶段，适时开展各种专项施工质量检查。在施工准备阶段以检查质量管理体系配备为主；在工程进入施工阶段后，对工程实体形成的钢筋、模板、混凝土、防水等关键工序和保证工程安全的措施工序（如钢支撑、围护桩、预应力锚索等）工程质量进行实测实量，可采用感官检查、尺量检查、仪器测定、钻芯取样等手段检查，检查施工单位的施工质量和标段监理工程师的监理力度；对经标段监理工程师认可的施工部位进行抽验，以考核标段监理工程师的能力。

5. 针对商品混凝土厂家及盾构管片和轨枕等预制构件生产厂家，标段监理应建立定期巡查或驻场监造机制，及时发现问题，提出整改意见，督促整改；总监办定期检查标段监理单位驻场监造成果；检查施工单位和标段监理单位对厂家管理水平和厂家质量意识的管控。

6. 标段监理单位和施工单位每日应对工程质量发生的问题进行全方位、全过程的控制和管理，并留下控制痕迹，在以后工作中加以避免。总监办检查标段监理单位和施工单位对工程管理的实际管理记录。

7. 总监办检查工程测量和复核成果，为工程准确定位打好基础。

8. 总监办检查工程材料进场检查和复试成果，确保甲控材料的合规性；各标段施工单位要确定一个指定联系人，以便于对甲控材料使用情况进行检查、落实通知、同业主沟通以及对问题整改情况进行反馈等。

9. 为保证钢筋工程的质量，进场钢筋标识、堆放、检测、加工、使用等各个环节均要加强管理，符合沈阳地铁集团有限公司下发的《沈阳地铁工程检测管理规定》和《沈阳地铁工程钢筋质量管理规定》。

10. 做好首件施工控制。对工程实体施工中的首件，采取联检的形式，进行质量控制并取样，对首次发生的围护桩、冠梁、喷锚、防水、综合接地、底板及墙柱混凝土浇筑、暗挖的格栅安装等首件工序提前上报总监办，进行联合检查和质量控制。

督促施工单位落实钢筋构件封样示范工作，严格按照有关规范进行加工制作，并填写标签进行封存。对该工序全过程进行质量指导和示范。该构件的存续期为从该工序起始至该工序的倒数第二个构件，应将封样的构件使用于该分项工程的最后一道构件上。

沈阳地铁工程需进行首件封样的项目主要有钢筋下料加工的半成品、机械连接直螺纹加工、格栅钢架制作、围护桩钢筋笼焊接等项目。

11. 要求施工单位在施工中留下足够的影像资料，为宣传本公司形象、地铁建设信息和申报优质工程做好充分准备。

12.鼓励施工单位在施工过程中采取新技术、新工艺加强工程质量，为建设精品地铁贡献力量。

13.督促标段监理单位和施工单位及时发现并做好质量隐患处理。

对违反安全质量管理规范、设计文件和施工方案、操作规程的行为，标段监理单位应及时发现，立即制止；督促施工单位落实有关主管部门或建设单位的整改要求，并在回复单上签字确认；标段监理单位应能发现已经出现的危险征兆（沉降、开裂、倾斜、松动等）重大异常情况或质量缺陷（如结构尺寸、净空、标高等）；对安全隐患、质量缺陷能要求责任单位整改，情况严重的要求施工单位暂时停止施工，并及时报告建设单位；发现重大安全险情、质量缺陷或事故险情后，总监理工程师或总监代表应第一时间赶赴现场；对安全隐患、质量缺陷的整改情况跟踪落实；当施工单位对安全质量事故隐患拒不整改时应下达工程暂停令，并及时向总监办和地铁集团公司有关处室报告。

总监办对在各种检查过程中同样问题屡查屡犯的单位进行通报批评，对严重违反相关质量管理规定或出现质量事故的单位进行处罚，对成绩显著的单位进行通报表扬，树立质量标准化样板工地。

14.标段监理单位和施工单位要及时做好工程验收和资料签认归档工作；总监办随时抽查工程质量控制资料，以确保工程完整性。

（六）地铁施工经常出现的质量通病

在施工过程中，要注意避免质量通病的发生，主要应注意以下问题。

1.暗挖施工方面

地铁暗挖施工存在的问题主要包括：格栅间距大于设计间距，格栅连接不到位，钢筋网连接不足；小导管打设角度、数量、长度、超前注浆不满足设计要求；喷射混凝土不均匀、有露筋现象，喷射混凝土不平整、厚度不均或厚度达不到设计要求，对防水层不利；二衬钢筋保护层或二衬厚度超差等。

2.钢筋工程方面

普遍存在钢筋进场验收工作不细、钢筋堆放混乱、标识牌设立不完善、钢筋直螺纹加工及连接质量问题、钢筋焊接质量问题、钢筋加工质量通病、钢筋接头连接位置、钢筋同一截面接头百分率、钢筋漏放缺失、钢筋未设置定位钢筋而引起的钢筋错位跑偏等。

3.防水工程方面

地铁工程渗漏，常见质量问题包括防水基面处理不平整；细部构造的防水技术要求贯彻不到位；防水板钉孔位置未打补丁；仰拱（或底板）预留筋钢筋端头未采取保护措施，与拱墙两侧防水板密贴把防水板顶破；钢筋焊接烧坏防水板；水平施工缝、环向施工缝、施工缝注浆管部位渗漏；施工缝处止水带安装偏位、焊接不牢；顶板防水基层在裂缝较大位置和施工缝位置未涂刷水泥基渗透结晶防水材料处理等。

4.混凝土施工方面

局部超挖欠挖造成的混凝土结构尺寸偏差；混凝土振捣不密实；夏、冬期施工混凝土养护不到位；混凝土施工缝凿毛处理不符合规范；保护层厚度控制措施不到位；模板拼接不严密、支撑不牢固或不科学导致跑模；混凝土成品保护措施不足等。

5.盾构施工方面

经常易于出现盾构机姿势不正确导致的偏离设计线路；盾构管片开裂、掉角、拼缝错台、管片接缝渗漏；同步注浆和二次补浆浆液质量不合要求，同步注浆量低于控制范围，二次补浆不及时或补浆位置不合理等问题。

四、接受工程二处领导，随时接受指令做好相应服务

（一）建立安全检查小组，开展全线各标段的安全管理与安全检查。

（二）建立文明施工检查小组，开展全线各标段的文明施工管理与检查。开展文明施工红黑榜检查与评比，并通报全线；开展全线双城双创检查与评比，并配合奖罚制度落实检查效果；开展全线抑制扬尘措施落实检查与通报；开展全线围挡检查与通报并复查。

（三）建立质量管理小组，对施工单位的施工质量进行检查，下发通知单，检查回复单和现场整改结果。

（四）开展飞行检查，对全线各标段的施工安全、质量、文明施工、扬尘治理等进行检查，并发布通报和奖罚处置情况。

（五）开展季度施工单位综合检查和标段监理工作综合检查。

五、为业主服务主要体现在沈阳地铁由事业机构向企业转型期间的文件编制服务

（一）编制沈阳地铁精细化管理手册

编制包括：管线迁改监督要点，钢筋施工监督要点，混凝土施工监督要点，明盖挖法施工流程，防水施工监督要点，防迷流施工要点，计划管理制度职责，风、水、电安装监督要点，轨道工程施工流程，砌筑工程施工监督要点，人防

工程施工流程，装修工程施工监督要点，曳引式电梯施工监督要点，自动扶梯监督要点，地面罩棚及地面环境监督要点，盖挖车站施工工法管理手册等文件。

（二）划分各方职责

编撰包括：总监办工作职责、标段监理工作职责、业主代表职责、施工单位职责、第三方单位职责等文件。

（三）编写各类管理文件或起草初稿

编写有：总监办管理工作规划、沈阳地铁9号线暗挖施工控制措施、工程质量安全提升行动实施方案、9号线2016年工作总结及2017年工作安排——报二处、9号线2017年工作总结及2018年工作安排——报二处、工程二处工程建设各月调度会汇报材料、工程筹划相关问题说明、沈阳地铁集团有限公司重污染天气应急预案、工程二处2016年经营计划绩效考核指标完成情况自检表、打造国际营商环境工作方案、沈阳地铁9号线施工现场扬尘污染防治工作方案、沈阳地铁9号线防范和遏制建筑施工重特大事故工作方案、沈阳地铁9号线建筑施工安全专项整治工作方案、2017年度安全监管方案、2018年度安全监管方案、工程二处联合专项检查行动计划、沈阳地铁工程二处迎接党的十九大加强安保维稳反恐工作方案、地铁项目施工扬尘治理专项方案、沈阳地铁9号线防汛抗旱专项应急预案、沈阳地铁工程二处创城百日攻坚行动工作方案、工程二处2016年及2017年度（季度、上半年、全年）工作总结等。

通过总监办各方面管理工作的效果看，积极为业主服务是工作中的一个重点。首先，工作中必须按照业主的指示落实其工作要求；第二个方面是服务到位，即使没有业主监督，也能主动工作；第三个方面，就是为业主办事不辞辛苦，想业主所想，为业主编制文件要从业主角度考虑，全面理解业主意图，要"体察入微"。工作中的另一个重点是做好自己的本职工作，把工作做到实处，不偷奸耍滑，不空喊口号；工作中还要讲究方式方法，注意搞好同志关系，搞好平行单位的团结；工作中还要自觉遵守本公司管理制度，服从公司领导、服从总监领导，注意树立公司的正面形象，维护公司名誉。

综上所述，总监办监理工作的核心就是做好充分准备，随时接受沈阳地铁工程处、质监处、安监处、总工办、档案室、预算合同处、党务办公室等各主管处室以及沈阳市建委、沈阳市质监站地铁分站的指令，提供相应服务和相应配合，达到业主满意效果。

浅析影响钢筋混凝土质量的因素及预防措施

李文喜

运城市金苑工程监理有限公司

摘　要：钢筋和混凝土是建筑主体构件的主要材料，影响混凝土质量的因素是多方面的，只有积极采取预防措施，在施工过程中，注重针对钢筋的质量和加工、混凝土质量和施工方法等采取有效措施，才能保证建筑物的安全和满足使用功能的基本要求。

关键词：钢筋加工和安装；混凝土强度和施工方法；保证混凝土质量

影响钢筋混凝土质量的因素是多方面的，但主要有钢筋加工和安装、混凝土质量和施工方法、施工条件和环境、施工人员的技术素质等。这里只浅析钢筋加工和安装、混凝土质量和施工方法的影响。钢筋加工和安装存在质量缺陷或混凝土质量和施工方法存在质量缺陷，都会直接影响到钢筋混凝土的质量。

一、钢筋加工和安装常见的质量缺陷

钢筋质量不符合设计要求；

钢筋接头处理不当；

钢筋箍筋分布不当；

弯钩错误；

有抗震要求的框架结构中梁纵向受力钢筋检验所得实际屈服强度不大于钢筋屈服强度标准值，或其实测值与强度标准值的比值超过规定；钢筋保护层垫块不合格。

二、混凝土质量和施工方法的常见质量缺陷

混凝土强度等级低于设计要求；

混凝土构件断面几何尺寸大于允许的偏差值；

成型的构件混凝土表面有超过规范规定的蜂窝、麻面、孔洞、露筋，梁、柱节点处出现缝隙及夹渣层；不按规范施工。

三、钢筋加工和安装出现的质量缺陷预防措施

（一）钢筋质量不符合设计要求的预防措施：

1. 对进场的钢筋必须认真检测，钢筋不得有裂纹、节疤、折叠以及局部缩颈和机械损伤等缺陷。

2. 对进场的钢筋随批量检验出厂合格证证明文件。

3. 按照同批次同炉号每批不大于60t取样一组送有资质的检测机构检测，检测合格后方可用在工程上。

（二）钢筋接头处理不当的预防措施：

钢筋接头常见的有搭接、电焊等。

1. 接头搭接。

1）搭接的接头位置不宜位于最大弯矩处。

2）HPB300钢筋末端应弯钩。其他级钢筋末端可不做弯钩。

3）搭接长度应根据钢筋类别及级别及混凝土强度等级规定选取。

4）搭接处需绑扎到位。

2. 电焊分电渣压力焊、对焊、电

弧焊。

1）焊接钢筋表面清理干净。

2）焊缝等级或焊包的几何尺寸必须达到标准规定。

3）焊条或焊药要符合要求。

4）取样检测合格。

（三）钢筋的箍筋分布不当和弯钩错误的预防措施：

1.必须按照设计要求绑扎箍筋。框架梁梁端箍筋加密的长度，箍筋的规格、尺寸、型号必须符合设计要求和规范规定；框架柱上、下端加密区的箍筋，必须符合箍筋的设计间距和最小直径要求。

2.有抗震要求的工程中，箍筋末端的弯钩和受扭结构杆件的箍筋弯钩必须弯成135°。

（四）有抗震要求的框架结构中梁的纵向受力钢筋检验所得实际屈服强度值小于钢筋屈服强度标准值，或其实测值与强度标准值的比值超过规定的预防措施是，在钢筋下料和配筋之前，技术负责人必须认真熟悉施工图和技术资料，并认真审核所选用钢材的有效合格证件和见证取样经有资质的检测机构所出具的检验合格证、测定的技术数据，使其钢筋的抗拉强度和屈服强度实测值必须满足以下规定：钢筋的抗拉强度实测值与屈服强度实测值的比值不应小于1.25；钢筋的屈服强度实测值与钢筋强度标准值的比值不应大于1.3。

（五）钢筋保护层垫块不合格的预防措施是：

1.受力钢筋混凝土保护层厚度必须符合设计要求，不应小于受力钢筋的直径；设计无要求时，要按有关规定实施。

2.垫块的强度必须达到母体混凝土的强度等级。

3.垫块的放置以1m左右为宜，且要绑扎在受力钢筋上。

4.垫块的组装位置准确，绑扎牢固，防止振捣混凝土时脱离或移位。

四、混凝土质量和施工方法的预防措施

（一）防止混凝土强度低于设计强度的控制方法是构造混凝土拌合料的水泥、砂、石及外加剂原材料的质量控制，开盘前应着重检查原材料合格证和检测报告，配料时严格按照配合比进行配制，进入施工现场时，按规定检查出厂合格证和出料单，检测混凝土坍落度不得大于规定要求，现场严禁加水，如果坍落度偏小造成施工困难时，应由提供商品混凝土的厂家根据要求加入外加剂。

（二）混凝土构件断面几何尺寸小于允许偏差值的预控方法是，施工前必须按照施工图放线，确保构件断面尺寸和轴线定位线准确一致。同时，模板及支架有足够的承载力、刚度和稳定性，确保模具加载混凝土后不变形、不失稳、不跑模。

（三）成型的构件表面有超出规定的缺陷的预控措施是，蜂窝、孔洞预控手段要求混凝土配合比必须准确，入模后不得漏振、振捣不到位，要振捣密实，

模板表面要光洁，不得有杂物，拼缝紧密，拼缝过大应用胶带对模板拼缝粘接，钢筋过密应选用同强度细石混凝土。拆模时，控制混凝土强度不小于规定的强度，绝不能过早拆模。

（四）露筋和缝隙夹渣的预控措施是：

1.保护层垫块的强度等级必须达到母体混凝土的强度等级，垫块一般每隔1m设置1个并与主筋固定在一起，严防松动和移位。

2.浇筑混凝土的高度应控制在2m左右，超过时应设串筒或加设低于2m的浇筑孔等。

3.浇筑混凝土入模后，必须认真振捣，振捣的操作要求：上下垂直，布点均匀，层层搭扣；严防碰撞钢筋，以免钢筋移位或破坏保护层。

4.在浇筑混凝土前必须认真清理施工缝，将杂物从清扫口清理干净。

5.在已硬化的混凝土表面上要除掉表面的水泥膜和松动的粗、细骨料，用水冲洗干净。

6.在浇筑混凝土前要充分湿润已硬化的混凝土表面，并在施工缝处先铺设与母体混凝土同强度等级的水泥砂浆，分层浇筑、认真振捣，确保混凝土密实。

钢筋和混凝土是构成建筑物主体构件的主要组成材料，是建筑物安全使用和满足功能要求的基本要素，只有施工的每一环节满足设计和规范要求，才能最终使建筑物在设计年限内安全使用。

建设工程监理的难点及相应处理方法研究

王晓洁

山西省建设监理有限公司

摘　要： 为提高建设项目监理水平，本文首先进行工程建设的监理概述，然后从监理施工阶段的进度控制、监理施工阶段的安全生产管理两个方面展开工程监理难点及相应处理方法的论述。

关键词： 建设工程；监理；难点；方法研究

引言

新形势下，中国的建设行业有了飞速的发展，人们对建设质量的要求也越来越高。提高建设质量，不仅在施工过程中要进行严格的质量控制，而且建设工程监理也起到非常重要的作用。但目前，项目常常在施工阶段的质量控制、施工阶段的进度控制、施工阶段的投资控制、施工安全生产管理过程中出现这样或那样的问题，基于此，笔者展开建设工程监理难点及相应处理方法的研究。

一、工程建设的监理概述

工程建设的监理，首先组成项目监理机构，配备满足项目监理工作要求的监理人员与设备；其次，制定项目建设监理规划，按照实际需求编制实施条例，然后实施监理服务。在项目监理规划的编制中，一定要针对工程的实际情况，确定项目监理组织的工作目标，确定具体的监理工作制度、程序、方法和措施。需要注意的是，这些工作制度、程序、方法和措施一定要具备可操作性，否则只能是形同虚设。项目工程建设监理规划一定要由总监理工程师主持，专业监理工程师共同来编制。需要注意的是，编制监理规划一定要在签订委托合同以及收到设计文件后进行，在监理规划完成后要经相关责任人审核签字。项目建设工程监理规划需要从工程概况、工作范围、工作内容、任务、依据以及监理机构的组织形式、人员配置、岗位职责、工作程序等方面进行编制。

工程建设的监理过程当中还需要组织工程竣工验收、出具监理评估报告。

此外，工程建设的监理过程当中还需要参与工程项目竣工验收，签署建设监理意见。建设监理业务完成后，向业主提交监理工作报告以及工程监理档案文件。

在中型及以上或专业性较强的工程项目中，项目监理组织必须编制工程建筑监理实施细则，且必须在工程施工开始前编制完成，需由总监理工程师批准以及各专业的专业工程师参与编制。实施细则的编制中需要有相关工程的施工组织设计、相关的专业工程标准、设计文件和技术资料。

建设工程监理应该按照法律、法规以及相关技术标准条例、建设项目设计文件以及建设项目承包合同，对承包方在工程项目施工质量、建设资金、工程工期等方面予以监督，并在监督过程中坚持守法、公平、科学、诚信的原则，切实履行监理职责。在建设项目实施的过程中，监理工作需要从设计阶段、施工招标阶段、材料和设备采购供应阶段、工程准备阶段、工程施工阶段开展。

二、工程监理的难点及相应处理方法

由于建设工程建设周期长、工程庞大、人员众多，这就注定了建设工程监理工作任务重、责任重、时间长。在上述五个阶段中，对于监理工作而言，每一个阶段都会面临工作当中的困难，因此，监理工作人员需要从多方面、多层次、多维度进行监理工作。尤其在施工阶段当中，常常在施工阶段的质量控制、施工阶段的进度控制、施工阶段的投资控制、施工安全生产管理过程中出现这样或那样的问题。

（一）监理施工阶段的进度控制

对于进度控制，监理工作中较为常用的手段是不断与进度计划对比，发现偏差。通过这种方式，部分工程进度控制可取得成功。但在实际工程中发现，进度款有时并不能完全控制工程的进度。有的施工合同规定按月完成工程量支付工程款，有的施工合同规定按形象进度支付工程款，但是这两种付款方式，有时都不能完全避免施工单位因为自己的

眼前利益，放慢工程进度。这就造成了监理单位对施工单位的行为束手无策，出现拖延工期的情况。因此，需要监督施工单位严格根据合同规定的建设项目工期组织施工，并且建立项目台账，核对项目形象进度。按月、季度、年向业主报告工程执行情况，以及工程进度和存在的问题，需要注意的是及时审查施工方提供的建设项目施工计划内容，并核查其对建设项目施工进度技术的调整。此外，还需要做好施工阶段的投资控制，建立计量签证台账，定期与建设项目施工方核对清算；其次，对于施工方提交的工程变更申请一定要及时审查，协调处理施工费用的索赔等。

（二）监理施工阶段的安全生产管理

在实际工程中，建设项目安全生产事故时有发生，除了施工单位自身的因素外，监理工作的不到位也对出现安全事故负有不可推卸的责任。因此，监理单位需要严格按照相关规范条例、法律法规对施工方的安全生产管理进行监督，例如，定期审查施工方安全生产规程以及安全生产管理人员的培训情况、施工方的安全管理落实情况等。在实施监理过程中，一旦发现安全隐患，需即刻签发通知单要求整改，督促施工方安全自检，在安全监理过程中需要涉及工

程的方方面面，渗透在项目施工的细微处。将安全第一、预防为主、综合治理摆在安全监理工作的首位。此外，监理单位还有必要编制安全生产事故的应急预案，并参与应急预案演练等。

除此以外，提高建设项目监理水平还需要从加强监理队伍建设、不断提高监理人员的素质和能力、严格监理资质管理、保持建设监理市场良好秩序、强化监理委托程序、促进监理市场的规范化等方面进行。

结语

综上所述，建设工程监理工作是一项任务重、责任重、时间长的艰巨任务，需要监理人员从多方面、多层次、多维度地开展监理工作，提高建设项目监理水平。

参考文献

[1] 吴卓. 建设工程监理的难点及相应处理方法研究 [J]. 中国室内装饰装修天地, 2019 (04): 66.
[2] 李振, 李云岭. 建设工程监理的难点及相应处理方法 [J]. 丝路视野, 2017 (31): 134.
[3] 郭伟杉. 建设工程监理的难点及相应处理方法 [J]. 建筑工程技术与设计, 2018 (15): 4830.
[4] 平守国. 弓长岭选矿厂老厂区技术改造工程项目进度管理 [D]. 吉林: 吉林大学, 2009.
[5] 唐轲. 泰州长江大桥工程建设质量管理体系研究 [D]. 江苏: 南京大学, 2011.

复合式衬砌的防水技术在沈阳地铁长白南车站的应用

曹尚斌

地铁9号线第三监理部

摘　要：沈阳地铁9号线长白南车站应用了复合式衬砌的方法进行防水施工，该施工技术采用400g/m²土工布缓冲层和2mm厚ECB塑料防水板作为隔水层，操作方便，防水效果好，能够很好地解决车站后期渗漏问题，加快了施工进度，保证了防水质量，具有推广价值。

关键词：复合式衬砌防水；防水隔离层；土工布缓冲层；ECB塑料防水板；结构自防水；特殊部位防水

随着国民经济的发展，城市建设日益繁荣，城市交通的紧张状况日益严重，城市地下铁路建设在中国正快速发展，北京、上海、天津、广州、深圳等城市早已拥有地铁，沈阳、哈尔滨等城市也修建了城市地铁。中国大城市多在沿海或沿江河地区，地下水位高，因此做好地下工程防水施工，提高防水质量，做到不渗不漏十分重要。

长白南站是沈阳地铁9号线的换乘站，是一座结构设计独特、技术难度较大的地铁站，车站位于南京南街与沈苏西路交叉路口，呈东西走向，结构为地下双层岛式车站。另与规划的南北走向的4号线在本站成"L字换乘关系"。车站长188m，共设5个出入口。

车站防水等级为一级，结构不允许出现渗水，内衬表面不得有湿渍。车站风井结构防水等级为二级，顶部不允许滴漏，其他不允许漏水，结构表面可有少量湿渍，总湿渍面积不应大于总防水面积的6/1000，任意100m²防水面积上的湿渍不超过4处，单个湿渍的最大面积不大于0.2m²。

长白南车站主体结构防水设计遵循"以防为主，刚柔相济，多道防线，因地制宜，综合治理"的原则，采用复合式衬砌防水。

一、地铁工程防水存在的主要问题

（一）防水材料问题

地下工程常用防水材料有涂料类和卷材两种，由于地铁车站为一级防水，防水质量要求高，涂料类防水材料在结构初支基面不平整、不干净，潮湿或灰尘较大的情况下施工，和基面容易形成两层皮，无法保证防水效果，因此地铁防水施工通常采用卷材类防水材料。

目前，沈阳地铁施工中普遍采用复合式衬砌防水，它由缓冲层与防水板组成，外包在车站二次衬砌结构外侧，形成闭合封闭体，起到隔水作用。

（二）结构自防水问题

由于车站采用C50、P10现浇钢筋混凝土结构，混凝土强度等级、抗渗等级高，造成单位体积混凝土的水泥用量大，从而使水化热高，混凝土的收缩量加大，致使混凝土产生裂缝，削弱了混凝土的自防水能力。

另一方面，在车站高直边墙、拱部混凝土浇筑过程中难以振捣，导致混凝土不密实，如拱顶封口只能靠泵送压力压入混凝土填充，密实度难以保证，容易形成渗漏孔隙。

混凝土的配合比、和易性、入模温

度及供应的及时性等因素影响混凝土质量，处理不当也会使混凝土不密实，产生缝隙，造成后期渗漏。

（三）变形缝、施工缝、穿墙管等部位防水问题

变形缝、施工缝、穿墙管等部位是地下工程防水的薄弱环节，处理不当极易产生渗漏水，尤其是穿墙管，防水处理不当容易把地下水引进结构内。

二、长白南车站防水施工方法

长白南车站采用复合式衬砌防水，即由初期支护、防水隔离层、二次衬砌构成3道防水防线。其中，防水层不仅起防水作用，在整体结构中还起到隔离初期支护喷射混凝土与二次衬砌模筑混凝土，防止二衬混凝土开裂的作用。

由于二次衬砌混凝土在浇筑完成硬化过程中，混凝土内部存在收缩应力、温度应力，混凝土在收缩过程中与外侧喷射混凝土产生摩擦，由于喷射混凝土表面粗糙，约束其变形，产生拉应力，容易致使二衬混凝土开裂，因此在初支喷射混凝土与二衬混凝土之间设置表面光滑的防水层，可以大大减少拉应力的产生，有效地保护二衬混凝土的防水质量。

（一）防水隔离层

地铁工程使用的防水材料有LDPE膜、EVA膜、PVC板、ECB板。经已有工程检验，LDPE膜、EVA膜较薄（0.8mm），抗刺穿能力弱，二衬钢筋施工过程中容易破坏；PVC板在热熔焊接时产生有毒气体，危害人体健康，且焊接质量不易保证，现已较少使用；ECB板在抗拉、断裂延伸率、抗刺穿性能上均优于前者，新建工程已广泛使用。

长白南车站外包防水层材料由400g/m² 土工布缓冲层和2mm厚ECB塑料防水板组成，耐老化，耐细菌腐蚀，易操作且焊接时无毒气，适宜在潮湿基面上施工，施工采用无钉铺设工艺。防水板铺设方法如图1所示。

1. 基面要求

1）铺设防水板的基面表面应无明流水，否则应进行初支背后注浆或表面刚性封堵处理，待基层表面无明水时，再施作下道工序。

2）铺设防水板的基面应平整：处理方法可采用喷射混凝土或砂浆抹面，一般宜采用水泥砂浆抹面的处理方法。处理后的基面应满足：$D/L \leq 1/8$；D 为相邻两凹面间凹进去的最大深度，L 为相邻两凹凸间的最小距离。

3）基面不得有尖锐的毛刺部位，不得有铁管、钢筋、钢丝等凸出物存在，否则应从根部进行凿除，然后在凿除部位采用1：2.5的水泥砂浆进行覆盖处理。

4）变形缝两侧各50cm范围内的

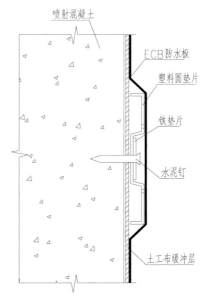

图1 防水板铺设方法

基面全部采用1：2.5的水泥砂浆找平，以便于背贴式止水带的安装，从而保证防水分区的效果。

5）当仰拱初衬表面水量较大时，为避免积水将铺设完成的防水板浮起，宜在仰拱初衬表面设置临时排水沟。

2. 土工布缓冲层铺设及塑料垫片固定

400g/m² 土工布具有一定的密实度和柔软性。在铺设缓冲层时，基层表面应平整无明水，用 $L \geq 32mm$ 射钉将塑料垫片钉在土工布上固定缓冲层。缓冲层应分段铺设，长度根据施工现场安排而定。塑料垫片的排列从上而下，拱顶间距为50cm，两侧边墙间距为80～100cm，底板间距为150～200cm，呈梅花状布设。

1）土工布搭接5cm，搭接边用热风焊枪点粘焊接或射钉固定，间隔30～50cm。

2）缓冲层铺贴方向，无一定要求，但一定要铺贴平整，以便为ECB防水层创造平整的基面，从而获得平整的防水层。

塑料圆垫片的布设位置需根据混凝土基面状况而定。宜选择基底面的低处来作固定点，以免防水层在此处绷紧吊空，浇筑二衬混凝土时弄破。钉子应被埋在垫圈的凹槽内，而不致与防水卷材接触破坏防水层。

3. ECB卷材铺设

顶、底纵梁背后的ECB防水板卷材宜采用纵向铺设的方法，以减少T形接缝，尽量避免十字接缝。铺设时，一般预留出大于400mm余量，当浇筑二次混凝土时，卷材不致被拉破、拉裂。

1）当用特制电烙铁或热风枪将ECB焊在塑料圆垫片上时，位置要对准，不得用力过大和时间过长，以免破

坏防水层；焊接应牢固可靠，避免防水板脱落。

2）防水板之间接缝采用双焊缝进行热熔焊接，搭接宽度10cm。焊接完毕后采用检漏器进行充气检测，充气压力为0.25MPa，保持该压力不少于5min，允许压力下降20%。如压力持续下降，应查出漏气部位并对漏气部位进行全面的手工补焊。

3）卷材间用热熔焊机自动焊接时，要随时注意将接缝处的一侧卷材定位，以免错位后造成防水层被拉过紧，防水层鼓胀导致不平整，或形成单焊缝。

在施工过程中，尽量避免手工焊接，部分接缝无条件用热熔焊机焊接时再采用手工焊接，手工焊缝处应再补加一道宽度不小于7cm的加强层。

4）所有防水板甩槎预留长度均应超过预留搭接钢筋顶端不小于40cm，以便下一次防水板铺设搭接。

ECB板搭接示意图，如图2所示。

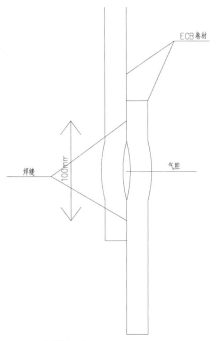

图2 ECB板搭接示意图

4. 施工注意事项

1）施工过程中不得穿带钉子的鞋在防水板上走动。

2）钢筋绑扎过程中防止钢筋端头刺破防水层，钢筋焊接时应在防水板与钢筋之间用石棉布进行隔离，防止焊接烧伤防水板。

3）混凝土浇筑时严禁振动棒接触防水板。

4）施工过程必须加强对防水板的检查，发现破损要做好标记，及时进行修补。

（二）衬砌结构自防水

长白南车站二次衬砌采用C50、P10防水混凝土施工，迎水面钢筋保护层厚度不小于50mm。在浇筑过程中严格施工，鉴于结构拱顶不易浇筑密实，每隔4～5m埋设一道二衬背后注浆管，对二衬背后与防水板之间进行注浆填充。

（三）施工缝、变形缝、穿墙管防水

1. 施工缝

根据车站混凝土浇筑顺序，施工缝有环向和纵向两种。在施工过程中采取嵌缝胶和预埋注浆管的方法进行防水。

1）遇水膨胀嵌缝胶应具有缓胀性能，属不定型产品，挤出后固化成型，成型后的宽度为15～20mm，高度为8～10mm，采用专用注胶器均匀挤出黏结在施工缝表面，粘贴部位为结构中线两侧各10cm位置。

2）粘贴嵌缝胶的施工缝表面需要先凿毛，将疏松、起皮、浮灰等凿除并清理干净，使施工缝表面坚实、基本平整、干燥、无污物。

3）嵌缝胶粘贴完毕后，应避免施工过程中遇水，否则提前膨胀会导致嵌缝胶的止水能力下降。

4）注浆管采用专用扣件固定在施工缝表面结构中线上，固定间距一般控制在40～50cm之间，沿施工缝通长设置。注浆管采用搭接法进行连接，有效搭接长度不小于2cm（即出浆段的有效搭接长度）。

5）注浆管每隔4～5m间距引出一根注浆导管，利用注浆导管进行注浆，使浆液从注浆管孔隙内均匀渗出，填充两道嵌缝胶范围内的空隙，达到止水的目的。注浆导管的开孔部位应做好临时封堵，避免浇筑混凝土时杂物进入堵塞导管。

6）注浆导管应在结构内的钢筋内穿行一段距离后再引出结构表面，引出位置应距施工缝不小于20cm。不必直接穿过背水面嵌缝胶直接引出，以免影响嵌缝胶的防水密封效果。如图3所示。

2. 变形缝

长白南车站变形缝的处理方法如下：

结构变形缝采用30～35cm宽中埋式注浆PVC止水带、30～35cm宽的背贴式止水带进行防水处理，同时，在顶拱、侧墙结构内表面预留凹槽，设置镀锌钢板接水盒底板和侧墙变形缝两侧的结构厚度不同时，需要将变形缝两侧的结构作等厚度处理，在距变形缝不小于30cm以外的部位再进行变断面处理，这样不但利于柔性防水层的铺设质量，而且可设置背贴式止水带，确保了变形缝部位的防水效果。

1）中埋式注浆止水带施工要求

（1）中埋式注浆止水带可采用合成树脂类PVC止水带，止水带的宽度30～35cm。

（2）注浆止水带采用热熔对接法连接，同时应保证对接部位注浆管的畅通。对接部位的抗拉强度应不小于母材

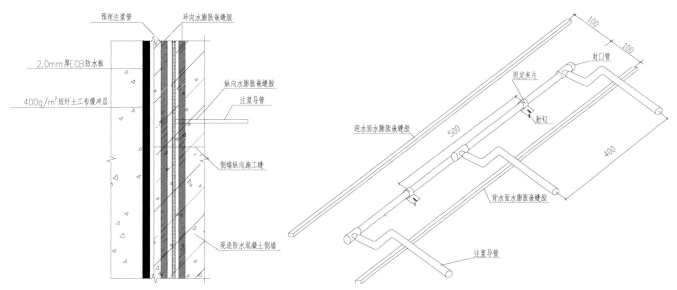

图3 施工缝防水施作方法

强度的80%，要求对接部位接缝严密、不透水。

（3）注浆止水带的注浆导管引出间距6～8m，引出位置以便于后期注浆操作为主。

注浆导管应进行临时封堵，避免后期施工过程中异物进入堵塞注浆管。

（4）注浆导管宜在结构内穿行一段距离后再引出，即注浆导管引出位置应距变形缝30～40cm。

（5）施工缝钢边橡胶止水带在变形缝止水带的侧面应断开，保证其端头与注浆止水带侧面贴住，然后在钢边橡胶止水带的端头缠绕一圈10mm×30mm的膨润土橡胶遇水膨胀止水条。

2）背贴式止水带施工要求

（1）背贴式止水带采用宽度为30～35cm宽的塑料止水带。

（2）塑料止水带采用热熔对接焊接接头，接头部位的拉伸强度不小于母材强度的80%。

（3）为保证背贴式止水带与混凝土咬合密实，在止水带两侧齿条之间设置注浆花管。

三、施工中监理工程师应控制的要点

（一）检查基层的处理

1.铺设防水板的基面要无明水流，否则进行初支背后的注浆或表面刚性封堵处理，待基面上无明水流后才能进行下道工序。

2.铺设防水板的基面应平整，铺设防水板前要对基面进行找平处理，处理方法可采用喷射混凝土或砂浆抹面，一般宜采用水泥砂浆抹面的处理方法。

处理后的基面应满足如下条件：$D/L \leqslant 1/8$；D为相邻两凸面间凹进去的深度；L为相邻两凸面间的最短距离。

3.基面上不得有尖锐的毛刺部位，特别是喷射混凝土表面经常出现较大的尖锐的石子等硬物，要凿除干净或用1：2.5的水泥砂浆圆顺覆盖处理，避免浇筑混凝土时刺破防水板。

4.基面上不得有铁管、钢筋、钢丝等凸出物存在，否则应从根部割除，并在割除部位用水泥砂浆圆顺覆盖处理。

5.变形缝两侧各50cm范围内的基面应全部采用1：2.5水泥砂浆找平，便于背贴式止水带的安装以及保证分区效果。

6.当仰拱初衬表面水量较大时，为避免积水将铺设完成的防水板浮起，宜在仰拱初衬表面设置临时排水沟。

7.迎水面结构裂缝的宽度不得大于0.2mm，背水面不得大于0.3mm，且不得出现贯通裂缝。

（二）检查缓冲层的铺设

1.铺设防水板前先铺设缓冲层，缓冲层材料采用单位质量为400g/m²的短纤土工布；用水泥钉或膨胀螺栓和与防水板相配套的圆垫片将缓冲层固定在基面上，固定点之间呈正梅花形布设，侧墙上的固定间距为80～100cm；顶拱上的固定间距为50cm；仰拱上的防水板固定间距为1.0～1.5m；仰拱与侧墙连接部位的固定间距要适当加密至50cm左右，基面凹处应布设圆垫片固定，以免防水层在此处绷紧吊空，浇筑二衬混凝土时弄破。

2.缓冲层采用搭接法连接，搭接宽度5cm，搭接缝可采用点粘法进行焊接。缓冲层铺设时尽量与基面密贴，不得拉得过紧或出现过大的折皱，以免影响防水板的铺设。

（三）检查 2mm 厚 ECB 塑料防水板的铺设

1. 防水板铺设质量标准。

1）固定点间距。固定点间距应符合设计要求。固定点之间呈梅花形布设，间距为：

拱顶 500 ～ 800mm；边墙 800 ～ 1000mm；底板 1500 ～ 2000mm。

2）与基面密贴。在拱部用手托起塑料板，各处均应与基面密贴，不密贴处小于 10%。

3）焊接质量。防水板焊缝宽度不小于 20mm，搭接宽度不小于 100mm，焊接应平顺、无波纹，无焊焦、烧糊或夹层；进行充气检查时，充气压力为 0.25MPa，稳定时间 5min，允许压力下降 20%。

2. 防水板质量检查方法。

防水板的质量检查可采用下表所列的检查方法。

结语

1. 通过车站防水施工证明，沈阳地铁长白南车站采用的复合式衬砌防水技术能够满足车站一级防水的要求，400g/m² 土工布缓冲层和 2mm 厚 ECB 塑料防水板材料性能良好，形成了全封闭防水系统。

2. 通过充气试验，ECB 防水板使用热合机焊接焊缝严密牢固，气密性好，工艺先进成熟。

3. 施工缝采用嵌缝胶结合注浆管加强防水，能够很好地解决施工缝渗漏水问题。

防水板质量检查方法表

检查方法	检查内容	适用范围
直观检查	（1）用手托起塑料防水板，看其是否与喷射混凝土面层密贴； （2）看塑料防水板是否有被划破、扯破、扎破、弄破损现象； （3）看焊缝宽度是否符合要求，有无漏焊、假焊、烤焦等现象； （4）外露的锚固点（钉子）是否有塑料片覆盖	一般防水要求的部位
焊缝检查	同上（2）（3）（4）项； （5）每铺设20～30延米，剪开焊缝2～3处，每处0.5m，看其是否有假焊、漏焊现象	有较高防水要求的部位
漏水检查	同上（2）（3）（4）项； （5）焊缝采用双焊缝，进行水（气）压试验，看其有无漏水（气）现象	有特殊防水要求的部位

浅谈如何做好装饰装修阶段的监理工作

段永霞

山西安宇建设监理有限公司

摘　要：近年来，在中国装饰工程行业不断发展的同时，工程领域对装饰装修阶段监理的需求也越来越大。随着人民生活水平的逐步提高，人们对生活居住环境的要求也越来越高，建筑安全性、稳定性及实用性等性能标准已经无法完全满足使用者对建筑工程的需求了，所以装饰装修阶段已经逐渐成为建筑工程施工中的重要环节，而要想确保建筑工程装饰装修阶段的施工质量，对其进行监理工作是非常必要的。

关键词：装修阶段；安全管理常见隐患及措施；质量控制难点及措施

现如今，监理人员对建筑工程的基础和主体阶段都非常重视，经验也很丰富，但对做好装饰装修阶段的监理工作还有些经验不足，下面结合本人对装饰装修阶段监理的一些经验，从安全、质量两个方面浅谈如何做好装饰装修阶段的监理工作。

一、装饰装修工程施工阶段监理的安全管理

装饰装修阶段常见的安全隐患及管理措施

（一）常见安全隐患

1. 火灾隐患

在装修过程中，建筑物内常堆放有易燃物品，例如：保温聚苯板、基层木工板等材料，常会在施工现场大量堆积，施工过程中，很容易因为切割、焊接作业时产生的迸溅火花或施工人员吸烟时乱丢弃烟头等引发火灾。

2. 临时用电隐患

建筑装修过程中临时用电设备较多，由于各工序交叉作业，经常会出现配电箱内接线不规范，采用移动插座，私拉乱接电线，用电设备缺少保护接零，带电明露，电箱倒放、无门、一闸多机等安全隐患。

3. 高空坠落、坠物隐患

建筑物装修过程中，高空作业是必不可少的。例如：对大型体育场或购物场所的中庭进行装修时，满堂脚手架的搭设必不可少，在搭设、拆除及装修施工过程中因人员、材料、方法、环境等影响因素会存在高空坠落、坠物的隐患；高层建筑室外涂料施工，不可避免要采用吊篮等设施，吊篮多次周转使用及人员不当操作等因素就会增加高空坠落风险。

4. 起重伤害隐患

建筑物在装修过程中，会频繁使用装卸车、起重机等机械设备，施工过程中往往存在很多施工人员无证上岗、不按规范要求擅自操作的现象，无形之中埋下了安全隐患。

5. 职业本身的伤害

所谓职业本身的伤害指的是在建筑物装修过程当中，有些工序会产生大量的灰尘、噪声及化学有害物质。例如：室内外装修常用的石材饰面，在切割石材时会产生大量粉尘及噪声；有些材料含有化学有害物质，如：室内装修时的油漆饰面、有机涂料饰面、防水施工时有机防水涂料的涂刷工序会对施工人员的健康造成潜在影响。

6. 建筑垃圾的排放

建筑物装修过程中会需要大量的装

修材料，这些装修材料的尺寸与建筑物本身并不是吻合的，因此需要施工人员对这些建筑材料进行切割和裁剪，在切割和裁剪的过程中就会产生大量的废弃材料，大量废弃材料的堆积就会产生建筑垃圾，这些建筑垃圾堆放时间久了不仅会影响建筑物装修效果，而且会进一步影响附近居民的健康。

（二）安全管理措施

1. 火灾隐患。监理人员在进行建筑物装修巡查过程中，要查看建筑物内是否堆积了大量的易燃物品，如果有这些危险物品的堆放，一定要及时隔离或清理，如果发现在施工作业场地堆积可燃材料，一定要控制堆积数量且要求配备足够数量的灭火器，同时要求施工单位做好对施工人员消防意识及灭火设备使用的培训工作，一方面防止火灾，一方面在出现初期火灾时能及时扑灭。

2. 对于现场临时用电管理，要结合现场实际，依据临时用电安全技术规范要求，审核临电施工方案，审查操作人员的资质证书，督促临时用电施工方案落到实处，巡查过程中严格执行规范标准，对隐患早发现早整改，不存侥幸心理，严格遵守三级配电、二级保护原则，开关箱均加设漏电保护器，做到分级控制。

3. 进行高空作业的施工人员一定要求是经过专业培训、持证上岗的工作人员。采用脚手架的，要严格审查搭设方案（从施工方的内部审核程序及方案的可操作性两个方面），如果是超过一定规模的脚手架（例如：脚手架搭设高度超过20m），要求组织专家论证；使用吊篮的，审核吊篮的安装拆卸方案，检查吊篮的限位器、钢丝绳、安全绳、配电箱等主要配件设施的合格情况，施工

作业时，检查吊篮内的材料堆放情况及人员是否超载。施工人员在高空作业过程中，必须严格按照培训要求的操作规范来施工作业，随时检查施工人员安全帽、安全鞋、安全带等保护用品的正确佩戴。

4. 对于吊装机械的操作使用，监理人员应要求驾驶装卸车、起重车的人员是经过专业技术培训合格的，且有上岗证，在驾驶过程中也要严格按照操作规范来作业，切不可因为疏忽大意发生起重车误伤人的事故。

5. 施工过程中对施工人员健康的危害，监理人员一定要督促施工单位购置有效的防护用品，在施工过程中加强监督，加强对施工人员的教育，督促施工人员正确佩戴防护用具，将有害物质、有害气体对人体的伤害降到最小。

6. 对于建筑垃圾的排放，监理人员应督促相关人员将建筑垃圾及时清理、运走，不能对周围的环境和居民造成影响。

二、装饰装修阶段监理的质量控制

装饰装修阶段质量控制难点及控制措施：

（一）控制难点

1. 设计图纸节点不明

设计质量对整个装饰工程的质量起着决定性作用。设计本是确定平面、立面、剖面的过程，但实际上在装饰装修工程方案确定时，很多项目几乎是以效果图作为唯一标准，设计人员成了"效果图制作人员"，这种现象严重影响了设计质量，很多装修工程都会出现边施工边出设计方案的现象，设计方案的不明确会给施工带来很大的困扰。

2. 装饰装修阶段工种多、材料复杂

装修过程各工序交叉作业多，原材料进场种类多、数量庞大，各种新材料的使用较多，设计图纸中未明确，规范体系中未说明，给进场材料的把控带来困难。

3. 装修过程中变更多

装修过程中存在很多不确定因素，特别是改建装修工程，很多部位在设计阶段难以明确，建设单位对造价和使用功能及观感的要求存在很多变数，施工过程中会产生很多变更。然而，由于工期的硬性要求，变更手续不能及时完善，这就会给施工带来很多干扰。

4. 装修过程中存在对原结构或原安装系统的拆改，工作量大

在改建工程装修施工中，由于使用功能的改变，会涉及很多对原结构或原空调、消防、给水排水及强弱电等安装系统的拆改，这些工程量往往设计图纸难以体现，无形之中会给质量控制带来很多困难。

（二）控制措施

1. 对于设计图纸节点不明的现象，监理人员应在施工前熟悉图纸中关于各个部位的详细做法，知道每个部位如何装修、装修到什么程度，及时与设计单位沟通，明确节点做法，施工过程中还要控制建筑装饰工程施工质量应符合《建筑装饰装修工程质量验收标准》GB 50210—2018 的规定。例如：室内干挂石材基层钢龙骨与结构墙体的连接节点，是采用螺栓连接方式还是焊接方式，一般图纸会疏忽，标示不明；再如，有些图纸对防水厚度的标识疏忽，有些图纸对保温岩棉及室内吸声棉的密度、导热系数、憎水率等技术指标没有明确，必须在施工前进行沟通并确认，便于监

理控制。

除了从图纸上了解各个施工部位的详细做法外，还要从设计联系单、招投标文件中的项目名称相关内容中去熟悉，只有仔细了解各个部位的详细做法，才能做好事前控制。

2. 装饰装修工程的关键是材料质量。

材料控制方面需要从熟悉图纸，材料的封样，装饰材料的核对、校验，收集在装饰装修过程中使用材料的资料（包括各种检验报告），制作样板间等多方面加以控制。

例如：对于吊顶用的饰面板，应该从饰面板的颜色、宽度、厚度来控制。不同宽度的饰面板厚度是不同的，监理应该严格控制。一般情况下，在装饰装修阶段对于下述产品业主都有品牌要求，如瓷砖、地砖、卫生间洁具、内外墙涂料、钢质门、铝合金型材，安装中使用的各种配电箱、电表箱、开关、插座、电线、灯具等。要从图纸及招标文件中的主要材料价格表和业主的施工联系单中去了解掌握。

做好装饰装修材料的封样工作，利用封样样品对进场材料进行控制。如对于地砖，由于使用的部位不同，颜色规格是不同的，所以，施工单位黏贴时，监理就要对照样品和图纸等相关资料加以仔细核对，避免用错材料，造成返工。

及时收集在装饰装修过程中使用材料的资料，包括各种检验报告，要核对每种检验报告的有效期，并要同现场使用的材料相符合。检验报告经常会出现超过有效期的情况，还有施工单位拿假报告的情况，有的检验报告同现场使用的材料不一致，所以，监理必须对每份报告仔细核对，从进货单到现场的材料和检验报告都要认真核对，避免失误，需要复检的材料，要求施工单位在监理的见证下进行取样送检，复检合格后方可使用。

对于新材料的应用，需要监理人员不断查阅各种资料，学习同类工程的施工经验，不断与设计方及施工方沟通，不能给质量控制留下空白点。

3. 对于装修过程中的变更情况，要求及时完善变更手续，在满足建设单位要求的前提下要征得设计单位同意，同时，监理应督促或建议业主对装饰装修工程制作样板间，以便于监理对每个部位应如何做、应做到什么标准心中有数。制作好样板间是搞好装饰装修监理的前提，也便于监理的日常控制，如使用前要对油漆的品牌颜色加以确定，并在施工现场制作颜色样板供业主确认。

4. 对于装修过程中存在对原结构拆改的问题，设计对原结构的变动，必须要求建设单位找原结构设计单位或有资质的设计单位进行重新设计，按图施工，绝不能擅自改动，所有装修必须对结构安全让位。

对原安装系统的拆改问题，必须要求设计单位重新出图，重新核算是否满足使用要求、是否满足功能要求。例如：原房间内为两台空调，现变动为一台，需要核算出风量及控制线是否满足使用要求和节能要求；对消防系统的改动，是否满足消防验收规范的功能要求，如：格栅吊顶，如果不能达到70%的通透率，按防火规范要求就需要同时安装上喷淋和下喷淋，这是监理需要积极协调把控的，不能因建设单位的工期要求而松懈。

装饰装修阶段的监理不是无事可做，可以放松的，要想做好该阶段的监理工作，必须认真细心。监理的质量控制及安全管理工作实质，是事前预防、事中发现和事后整改在施工过程中存在的各种质量安全隐患，只有将这些小的质量安全隐患消灭在摇篮之中，才能保证施工的顺利进行。

结语

总而言之，建筑工程的装饰装修工作是提高建筑工程整体质量的重要环节，在施工过程中不仅要重视质量和安全，还要对工期和造价等因素进行综合考量。由于能够影响建筑装修阶段施工效果的原因有很多，所以监理工程师必须有过硬的理论知识和丰富的实践经验，将不利影响因素降到最低，确保能够顺利完成工程项目，达到最好的效果。

汾河三期景观工程进度控制监理小结

李涛

太原理工大成工程有限公司

摘 要：汾河三期景观工程作为政府投资的重点工程，质量要求高，进度要求严格，项目监理机构采用合理的组织形式，科学的统筹安排，先进的技术支撑，敬业、专业的一线监理人员，圆满完成了进度控制的总体目标，本文对监理工作进行了小结。

关键词：汾河三期；进度控制；监理小结

汾河三期景观工程全称为汾河太原城区段治理美化三期景观工程，该工程为山西省第二届全国青年运动会的配套工程，北起汾河二期南延工程末端（祥云桥南 500m），南至晋祠迎宾路南 2km，全长 12km，景观工程总投资约 8 亿元，工期为 2018 年 5 月 1 日至 2019 年 5 月 31 日，总计 395 天。该工程施工单位共计 10 家，社会影响程度比较高，政府关注力度比较大，对进度的要求也比较高。该工程由太原市住房和城乡建设管理委员会主任担任总指挥，分管建设单位的副调研员及建设单位项目法人担任副总指挥，强有力的领导小组，保证了在不受投资影响的前提下，工程能顺利、较好地开展，用政府公信力促进工程建设，保证了工程按期完工。

在施工过程中，项目监理部运用科学的工作方法，合理的节点控制，准确

的检查验收手段，保证了工程于 2019 年 6 月 1 日正式投入使用，进入开园运行阶段。具体的进度控制监理工作方法，小结如下：

一、组建项目监理机构

公司中标以来，积极与建设单位沟通，在施工单位进场前积极地做了很多准备工作，成立了按投标合同承诺的项目监理机构。公司安排了"超豪华"的监理队伍，其中，国家注册监理工程师 5 名；总监理工程师工作经验 20 余年，为公司总工程师，太原市市政工程专家库入库专家；其余人员均具备省级注册监理工程师资格；进场监理人员工作经验都在 10 年以上，90% 的人员都监理服务过汾河太原城区段治理美化二期南延工程，工作经验丰富。本工程实行总

监理工程师负责制，全线根据施工的需要，共设四个驻地组，每组一名驻地组长，配备若干监理人员。完善的组织机构，优质的监理人员，对该工程监理工作的顺利开展起到了决定性作用。

二、确定纲领性文件

项目监理部人员进场后，结合汾河二期南延工程监理的工作经验，弥补工作中存在的问题和不足，编制完成了施工进度控制监理实施细则，作为指导监理人员进度控制的纲领性文件，运用到工程的实际工作中去。主要内容包括：

（一）工程概况。其中，重点明确工程施工的内容（结合图纸或施工单位投标清单），各施工单位的名称（项目负责人、中标价、施工内容及范围），参建单位的相关信息（建设单位、设计单位、

勘察单位、检测单位等相关单位名称及相关负责人），合同规定的工期要求。

（二）编制依据。施工图纸及工程量清单、国家相关的规范标准、建设单位下发的文件及对本工程的进度要求。施工合同及监理合同。

（三）项目进度组织保障措施。项目监理机构所有人员为保障系统的直接参与人员，由总监理工程师对整个进度控制全权负责，每个驻地组长负责标段内的进度控制，公司相关职能部门作为进度控制的监督和智囊组织，为项目的进度控制提供技术支撑。

（四）工作方法与控制措施。制定目标与标准，明确责任与奖罚，采用不间断的巡视检查，对照分析，落到实处。

（五）工作流程。制定工作流程图，让每个监理人员明确自己的工作职责，做到事半功倍。

三、审核施工单位上报的控制计划

进度控制的分类，对整个工程，进度控制分为：总进度控制计划、月度控制计划、周控制计划、日控制计划及提升期的进度计划。进度计划分为网络图和横道图，为了更加适合现场施工管理，易于编制、简单明了、直观易懂、便于检查和计算资源，本工程采用横道图进度形式。进度计划的审核，监理工程师主要从四个方面进行。

（一）对总进度编制涉及的内容进行审核，其中包括：单位工程、分区的节点项目名称、工程量、完成的起止时间（具体到每日）、完成该工程量需要的人员及机械数量。监理工程师需要审查的内容：施工图纸的单位工程节点区域是

否全部包括；工程量是否计算完整，审查中可以参考清单中的工程量；完成的时间节点是否满足合同及建设单位关于工期的要求，为保证最终的竣工验收，应预留一周的时间节点作为机动。

施工单位进度计划的上报时限，日进度计划为次日10点之前，监理单位现场确认时间为次日12点之前；周进度计划为每周五17点之前，包括当日完成的投资额，截止时间为当日17点；月进度计划为每月25日，项目监理部汇总各标段的进度完成情况，上报建设单位。

（二）每日进展汇报材料包括：产值完成形象进度，由于中标价中包括暂列金额、设计变更金额等，根据施工段落的长度，可施工的区域，确定每千米的造价，合计施工金额，根据时间节点确定每日施工金额，在每日汇报材料中进行说明。

监理工程师审核的内容：

1. 当日完成的工程量情况。主要说明每日施工的部位、工程量、金额情况，是否完成当日的施工任务。

2. 总工期滞后的情况。说明滞后的原因，完成每日进展的金额情况。

3. 存在的问题。对需要建设单位、监理单位及相关单位解决的问题进行情况说明，保证每日进展情况满足总工期的要求，做到提前预控。

4. 进场人员及机械施工情况。人员分为管理人员及劳务作业人员，施工机械根据施工部位进行确定。分析管理人员是否满足现阶段的施工需要，在施工中，施工员、质检员、测量员等分区分段，包括增加的夜间施工时间的人员是否满足每日施工的要求。劳务作业人员中的工种是否满足每日施工的要求，根据每日进展完成情况随时调配劳务作业

人员，保证每日进度的要求。

（三）周进度计划的审核。周进度计划是每日进度计划的汇总、总结，对每日的投资额累计，时间确定为本周四—下周五，共计7天的累计投资额，与周进度计划进行对比，确定是否完成。

监理工作的内容：对照周进度计划的完成情况，分析每日进度计划的变化情况，对下周的重点工序进行控制，作为下周进度的控制重点。

（四）月进度计划的审核。月进度计划是日、周进度计划的汇总，每月25日汇总当月的进度完成情况。

监理工作的内容：对照月进度计划的完成情况，确定下月的工作重点，对进度严重滞后的施工单位及时提出，上报建设单位。

四、监理工作的方法与措施

（一）监理人员工作的方法

1. 在施工单位上报进度计划后，监理人员必须准确地进行核实、确认工作，对每个施工工序完成情况、劳务作业人员多少、机械投入的工程数量，作出一个评价。由于施工占线比较长，巡视检查是每日中必不可少的工作，特别是对关键性的控制节点要重点进行落实，如草坪的铺设，全线共计60万 m^2，分摊到每日应该是多少？合理规划每日的完成量，做到先期预控，并考虑特殊原因造成的进度滞后。

2. 召开工程例会，每周二、四的工程例会由总监理工程师主持，建设、设计、施工等相关单位参加，总指挥及副总指挥每周不定期参加一次工程例会，解决工程中存在的较大问题，了解每周实际完成情况，对施工单位的进度奖罚

情况提出要求，确定下周工作的重点。工程例会很好地解决了工程中存在的影响施工的进度问题，培养了各单位的协调配合、互相沟通的协作精神；奖罚制度的实施，对各施工单位起到了警示作用，保证下阶段的工作顺利开展。

（二）监理人员进度控制的措施

1. 奖罚措施

进度计划的考核，实行逐日完成金额考核，当日项目可以完不成，但投资金额必须完成。如：计划中的土建工程由于混凝土无法及时进场，工序滞后，可以多种植苗木弥补土建工程滞后造成的投资金额不足；前提条件是，分析原因，在次日施工中，采取措施增加混凝土浇筑量，控制周进度计划。

对完不成当日投资金额的施工单位，处罚金额 1000~5000 元不等，达到日投资金额的 90%，处罚 1000 元；达到投资金额的 80%，处罚 2000 元；以此类推，达到最大限额。周完不成投资额的施工单位按 50000~100000 元进行处罚。每月评比一次，对每月完不成的施工单位，付款比例根据合同条件逐项递减，每完不成进度计划投资额的 2%，扣除付款比例的 1%。对每日、每周、每月完成的施工单位按完不成进度的处罚百分比相反情况进行奖励。

2. 工作机制

为保证工程进度能如实反映现场实际情况，对施工单位上报的进度计划，项目监理部采用三级进度审批机制，每日的进度完成情况由现场监理人员逐一进行核实，驻地组长进行审核，总监理工程师予以确认，做到准确、公正、及时，由总监理工程师审批后，提出奖罚意见，上报建设单位，最终的处罚意见，由总指挥签发。

五、提升期的监理进度控制

（一）提升的时间与内容

工程竣工预验收后，为保证工程能以良好的质量迎接游客，项目监理部制定了阶段性的提升方案，提升时间节点为 2019 年 6 月 1 日—2019 年 7 月 25 日为提升整改期，2019 年 7 月 25 日—2019 年 7 月 31 日为提升验收期。

提升的工作内容涉及：绿化工程、景观土建、照明及亮化、道路桥梁挑台、监控通信广播工程、服务保障等。提升期间，各标段施工单位必须保证配备充足的施工人员及优秀的管理队伍，并对工程有针对性地进行维护，保证工程质量提升的效果。

（二）监理工作的内容

1. 确定提升清单

为保证工程的整个提升效果，项目监理部根据竣工预验收发现的问题，并与接收管理、建设、设计、施工等单位对施工现场段落进行逐个检查，确定提升问题清单，明确提升时间，规定整改的标准；在提升期间，由于景区已经开园，游人较多，各施工单位土建工程的修复要避开人员密集时间段，垃圾要及时进行清理，保证场地内干净、整洁；绿化工程的修复，根据建设单位接待任务及实际景观的需要，及时补植，缺土处回填、补土，要及时联系建设单位确定土方进场的时间、时段，并将场地内的垃圾、杂草、杂物等清理干净，保证园区的整洁。

2. 监理工程进度控制的方法与措施

根据整改问题清单及提升的时间安排，监理人员每日进行巡视检查，对问题清单进行销项处理，各施工单位逐段销项验收合格后，进行分段验收、分段移交。

结语

当前，由于环保的严要求，质量的不放松，时间节点的倒逼机制，对进度控制提出了严格的要求，只有通过项目监理机构合理的组织形式，科学的统筹安排，先进的技术支撑，敬业、专业的一线监理人员，才能更好地配合建设单位完成进度控制的总体目标。同时，监理单位也因履行了合同的工期要求，减少了成本，增加了收益，提升了社会影响力。

试论钢筋工程监控

朱芳晋

山西共达建设工程项目管理有限公司

摘 要：钢筋在工程建设中起着重要作用，如果把建筑物比作人体的话，钢筋就是骨骼，可见其重要性，而钢筋施工涉及的知识、数据、规定较多，技术含量高，控制难度大，是工程施工中所占比例最大的单项工程。根据钢筋工程的特点，应做好以下工作，一要了解钢筋的基本知识，二要掌握钢筋的相关规定，三要控制好钢筋的验收。

关键词：钢筋基本知识；钢筋相关规定；钢筋工程验收；钢筋工程资料

一、了解钢筋的基本知识

钢筋的基本知识涉及面较广，主要包括：

（一）钢筋的分类

从钢筋的生产工艺分类：有热轧钢筋、热处理钢筋、冷拔钢筋。

从化学成分分类：有碳素钢筋，此种钢筋随着含碳量增加而强度增加，但塑性变差；有普通低合金钢筋，是在碳素钢筋中加入锰、硅、钛等元素，使强度得到提高，塑性得到改善。

（二）钢筋作用

按钢筋在构件中的作用分为"受力钢筋"与"构造钢筋"。

1. 受力钢筋

受力钢筋习惯上称为主筋，它是指构件中承受某种应力的钢筋，是根据构件所承受荷载的大小，通过计算来配置

的。有受拉钢筋，配置在构件的受拉区，主要作用是承受拉力，如梁板的下部钢筋，悬挑构件的上部钢筋；有受压钢筋，配置在构件的受压区，作用是与受压区的混凝土共同受压，在梁中剪力最大的部位，钢筋与混凝土共同承受剪力。

2. 构造钢筋

构造钢筋一般是指在构件中不是通过计算，而是为满足钢筋混凝土构造要求而配置的钢筋，它的配置是通过有关规范和规定确定的。有分布钢筋，也称为副筋，一般配置在墙板构件中；有架立钢筋，在梁中配置，用以固定箍筋位置；有箍筋，配置在梁柱中，用以固定受力钢筋的位置；有腰筋，用在高度超过450mm的梁中，用以保证整体骨架稳定及承受构件中部混凝土收缩和温度变化所产生的拉应力；还有温度钢筋，布置在屋顶板面阳光照射到的部位，用

以防止温度收缩产生的混凝土裂缝。

（三）钢筋性能

钢筋的性能是通过"机械性能"和"化学成分"来衡量的。

1. 钢筋的机械性能

1）屈服点，又称为屈服强度，它是衡量钢筋机械性能的一个主要指标。

2）抗拉强度，是指钢筋抵抗拉力破坏作用的最大能力。

3）伸长率，又称延伸率，它是衡量钢筋塑性的一个指标，伸长率愈大，表示钢筋塑性愈好。

4）冷弯，是检验钢筋塑性的一种方法，也是评价钢筋焊接接头质量的一个重要指标。

5）反复弯曲次数，是一种对冷拔低碳钢丝进行冷弯试验的方法。

2. 钢筋的化学成分

钢筋的化学成分主要是铁，但铁的

强度低，需要加入其他化学元素来改善其性能，各种化学成分含量的多少，对钢筋机械性能和可焊性有着不同程度的影响。加入铁中的化学元素主要有锰、钛、硅等。

（四）钢筋检验

进场的钢筋应具有出厂质量证明书或试验报告单，然后现场见证取样，送检测单位做机械性能试验。

1. 机械性能试验

机械性能检验的内容包括：

1）抗拉试验，包含屈服强度、抗拉强度和伸长率。

2）冷弯试验。

3）计算钢筋抗拉强度实测值与屈服强度实测值的比值，不应小于1.25；计算钢筋屈服强度实测值与屈服强度标准值的比值，不应大于1.30。只有上述指标都满足规定，才算合格的钢筋，试验报告单上都要反映这些数据，要能够看懂。

2. 钢筋应力应变图

为了明白钢筋机械性能检验和看懂钢筋试验报告，应了解一些钢筋应力应变图的知识。钢筋应力应变图是钢筋做抗拉试验时形成的图形，在钢筋教科书上可以见到，在实验室进行钢筋抗拉测试的电脑屏幕上能够直观地看到。在做钢筋的抗拉检测时，施加荷载初期，应力和应变按比例增加，当施加的荷载达

到某一数值 a 点时，钢筋开始出现流幅，这时应力不增加而应变继续增加，钢筋产生很大的塑性变形，则该点处的拉应力称为屈服强度，也称为屈服点。应力过屈服点后钢筋的抵抗能力又有很大增加，随着曲线上升到达最高点 d，此点称为钢筋的极限应力，过了抗拉强度后，应力随之下降，到达 e 点后钢筋断裂。如图1所示。

说明一下 N/mm^2 与 MPa 的关系。在钢筋试验报告中多使用 N/mm^2，而在工程资料和图纸中多使用 MPa，它们是什么关系呢？它们是 1N/mm^2 等于 1MPa 的对等关系，是由压强的基本单位 $1kgf/cm^2 = 9.80665 \times 10^4 Pa$ 导出的。在使用中要避免产生歧义。

运用应力应变图，可以计算出一些钢筋数值。如用 b 点至 c 点的距离可计算出伸长率；用 d 点除 a 点，可以得到抗拉强度实测值与屈服强度实测值的比值；用 a 点除以本钢筋的标准屈服强度，可以得到屈服强度实测值与屈服强度标准值的比值。所以，了解钢筋应力应变图，知道怎样计算这些钢筋数值，对看懂钢筋试验报告有很大的帮助。

（五）钢筋代换原则和计算

在钢筋工程施工中，有时会遇到钢筋代换，需要掌握代换原则和代换计算。

钢筋代换的原则，即任何钢筋代换，都必须经原设计单位同意，方准代换。

钢筋代换计算有两种，即同级别钢筋不同直径的等截面积代换和不同级别钢筋的等强度代换。等面积代换公式简单，只要代换后的钢筋截面面积不小于代换前的面积即可，在此就不列举了。而等强度钢筋代换公式较为复杂，是指代换后的钢筋抗拉强度应不小于代换前的抗拉强度计算值，现列举公式如下：

$$n_2 \geq \frac{n_1 d_1^2 f y_1}{d_2^2 f y_2}$$

式中　n_2 代换后钢筋根数；

　　n_1 原设计钢筋根数；

　　d_2 代换钢筋直径；

　　d_1 原设计钢筋直径；

　　$f y_2$ 代换钢筋设计强度；

　　$f y_1$ 原钢筋设计强度。

了解钢筋代换的原则和计算，就是要掌握钢筋是否允许代换，如允许，则施工单位的计算是否正确，以便控制好这项工作。

（六）预应力钢筋知识

施工中有时会遇到预应力构件，如大桥的梁、工业厂房的屋架、大型屋面板等。预应力构件与一般钢筋混凝土构件相比，在提高结构刚度、抗裂性和耐久性及节约钢材、降低造价等方面，显示了巨大的优越性。那么预应力钢筋有什么特点呢？预应力钢筋一般采用冷拉钢筋及冷拔低碳钢丝，这就涉及冷拉钢筋的概念，钢筋经过冷拉后，屈服强度会有很大提高，设计强度也随之提高。以 HRB335 级钢筋为例，标准屈服强度为 335MPa，冷拉后为 430MPa，原设计强度 310MPa，冷拉后提高到 360MPa，钢筋强度得到了充分运用。预应力钢筋在操作工艺上有先张法和后张法之分，控制时依工艺而定。

二、掌握钢筋工程的相关规定

钢筋施工，作为一个较复杂的专项工程，它有着大量的相关规定必须遵守，如钢筋加工弯曲角度、弧度、弯钩长度都有明确规定。钢筋连接，采用哪种方式，是机械连接还是焊接，也有具体规

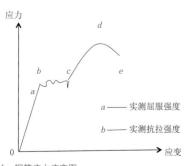

图1 钢筋应力应变图

定。钢筋安装中哪些部位需要加强，如梁、柱箍筋加密区，哪些部位如何处理，如洞口的加筋，这些都有规定。这些规定在图纸和图集中都已指明做法，要按图纸和图集去认真监控。因钢筋规定设计面广、内容繁杂，这里就不一一举例了，现强调一些重点，以便引起大家的重视。

（一）当图纸设计与图集不一致时，应以图纸设计为准，因为图集是国家规定的必须达到的最低标准，而图纸是根据本工程特点设计的，可以高出图集的标准，因此，我们在控制钢筋工程时，一定要多看图纸，避免出错。

（二）钢筋保护层新规定，以最外皮钢筋边计算钢筋混凝土的保护层，而不是原来的主筋边，不能混淆。

（三）钢筋连接规定，钢筋对焊最大直径为 $\phi 20$，钢筋机械连接一级接头为原材的 1.1 倍，必要时可设在非连接区。

（四）屋顶板面温度收缩钢筋布置，在阳光照射到的部位，图纸设计未配置钢筋的顶板上部，都应设置温度收缩筋，设置为 $\phi 6@200$。

（五）新抗震设计标准规定，抗震钢筋带有 "E" 字符号。

（六）钢筋连接验收应提供套筒合格证、试件检验报告，并检查套筒长度、钢筋套丝长度。

（七）图集中对受拉钢筋的最小锚固长度、保护层最小厚度、纵向受拉钢筋抗震锚固长度有明确规定，并列表说明，使用时一定要套用计算准确，不要出错。

（八）除遵守图纸、图集的有关规定外，还要符合国家现行有关规范、规程和标准，如《钢筋机械连接技术规程》JGJ 107—2016、《混凝土结构设计规范》GB 50010—2010 等。

三、严格控制钢筋验收

钢筋验收是很重要的一个环节，前面讲到的钢筋知识和相关规定，是指怎么做，而钢筋验收，则是根据验收规范去检查做的是否符合图纸设计和规范要求，验收规范对每个部位都给出了验收标准和允许偏差的范围，要依据规范去验收。钢筋验收涉及的内容较多，现仅列举重点和难点进行说明，以便掌握验收方法。

（一）从材料进场开始控制，先验收钢筋出厂合格证，再见证取样送检，检验合格后方准使用。

（二）控制钢筋加工，如钢筋调直为外加工，重点控制钢筋直径变小的瘦身钢筋，其直径不得小于标准直径的 95%，检查钢筋弯钩，箍筋外皮尺寸是否符合要求。

（三）钢筋连接和检查，重点控制对焊钢筋的最大直径不超过 $\phi 20$，电弧焊缝长度单面不小于 $10d$，双面不小于 $5d$，机械连接套丝外露长度不大于 2 扣。

（四）钢筋安装时的常规检查，所使用的钢筋品种、规格、数量是否与图纸设计一致，下料长度、锚固搭接长度是否满足图集要求，钢筋加工形状、尺寸是否符合图纸设计，位置是否准确。

（五）基础钢筋绑扎时墙、柱钢筋的控制，尤其是柱筋，因为型号众多，因此要拿上图纸，一个柱一个柱的对号入座，避免错插漏插。

（六）梁、柱箍筋加密，有时会发生漏加错加现象，如梁是主梁加次梁不加，因此要分清主次梁，不要加错。

（七）梁高超过 1m，梁底垫块应在绑扎箍筋时垫好，否则绑完钢筋后无法垫入。

（八）加强过程控制，把问题解决在过程控制中，如钢筋加工是否正确、锚固长度是否足够、连接是否符合要求，发现问题及时解决，不要等绑完钢筋验收时再发现，就难以返工了。

（九）验收钢筋要形成钢筋资料，包括钢筋出厂合格证、试验报告、焊接报告、检验批记录，齐全完整。

以上按钢筋的基本知识、钢筋工程的相关规定和钢筋工程的验收，简要讲述了钢筋工程的监控方法，因钢筋工程涉及的知识面广、控制内容量大，不可能全面讲到，但只要掌握了这种方法，再加上严格认真的工作态度，一定能监控好钢筋工程的质量。

浅谈项目管理理论与实践的结合应用

杨洪斌　崔闪闪

河南建达工程咨询有限公司

结合企业发展与实践成果，对公司在项目管理工作中取得的实践经验分别从管理模式、服务范围、项目规划与实施等方面进行简要阐述与剖析，以期对项目管理行业发展提供有益的借鉴。

一、工程项目概况

根据《建设工程项目管理试行办法》（建市〔2004〕200号）和《关于推进建筑业发展和改革的若干意见》（建市〔2014〕92号），项目管理＋监理一体化应用模式具备了政策法规上的依据。公司自2015年起至今已承接4个大型工程建设项目管理工作，其中3个项目均采取了项目管理＋监理的服务模式，获得了业主方的高度认可。

二、项目建设管理模式的选择和服务范围的确定

（一）项目管理模式的选择

2003年，建设部发布了《关于培育发展工程总承包和工程项目管理企业的指导意见》（建市〔2003〕30号，以下简称"指导意见"），在该指导意见中，重点提出了项目管理服务（PM）和项目管理承包（PMC）两种项目管理模式。PM模式要求具有工程勘察、设计或施工总承包资质的勘察、设计和施工企业均可进行项目管理服务，按照合同约定承担相应的管理责任。而PMC模式还应当具有相应的工程设计资质，按照合同约定承担一定的管理风险和经济责任。

因此，业主方在选择工程项目管理模式时，考虑投资、融资有关各方对项目的特殊要求以及项目管理方的风险分担能力和风险管理水平，结合业主方自身的企业性质、需求和国内外较先进的项目管理模式，这些项目管理模式均选择了业主方自我管理＋专业化项目管理服务的建设管理模式。

（二）服务范围的确定

通过对收集的30份工程项目管理招标文件进行分析研究发现，当前工程项目管理招标文件中对项目管理服务范围的界定普遍宽泛，并未对服务范围、服务内容及服务深度进行详细约定，这样势必会造成因工作面不明确而产生一定的冲突。为了使业主方获得最大满意度以及项目管理工作顺利进行，在项目管理委托合同与业主方的谈判过程中，双方应对服务范围、内容和深度等进行详细约定。

一般项目管理单位是从项目方案设计开始前介入，通过与业主方进行充分沟通，全面细致了解业主方需求，可以科学合理经济地选择设计方案，以便更有利于整个工程建设的管理。

国有企业项目管理，受企业管理体制及内部审批流程时间的影响，决策周期和付款周期略长于一般项目。在合同谈判中，需充分考虑管理界面划分问题，明确项目决策流程、业主方的授权范围和内容，争取项目管理方应有的决策权限。对项目管理方可以决策但需向业主报备、业主方管理部门可以自行决策、项目决策必须通过高层董事会等不同决策事项进行分类，避免影响到工程建设进度。

除此之外，还要慎重手续报批报建管理，与此相关的条款隐含极大风险，在实践过程中，出现过由于业主方前置手续不合规，导致后续手续不能正常办理，由此造成的损失归咎于项目管理方的类似现象。对合同中类似"负责各类报批报建手续的办理，并取得各类许可手续和证书"的条款，要加上前提条件，对业主方规定关于当前任务的各种前置手续要齐全合规，并与政府各个行政管理部门保持有良好关系。在法制建设日益完善的今天，违规办理报批报建手续对企业有巨大风险，建议在合同条款中采用"协助业主方办理各类报批报建手续"比较合适。

三、项目背景分析

项目管理是以目标为导向的过程管理，在项目开始前，对项目背景分析是必需和必要的工作。针对项目特点，尤其是类似大型公建项目，技术难度大、复杂性高、建设周期长、干系人数量多，更需要认真对待，列出项目控制难点和重点。其中，业主方作为项目建设重要干系人，需要对其需求进行重点研究和分析。理解并全面掌握业主需求，持续跟踪、搜集整理、分析更新，以此使业主满意，这也是项目成功的标准之一。

通过对项目实践进行总结发现，项目背景分析主要涵盖以下内容：

1. 项目特点和项目管理特点；

2. 项目周边环境和建设周期内经济因素；

3. 国家政策法律、法规和规定；

4. 业主方管理模式及管理方式；

5. 项目重要干系人及其需求分析；

6. 项目的风险和应对措施。

在对重要干系人需求分析这一环节，我们借助信息化技术手段高效完成了项目建设的许多重要决策。在中原证券大厦方案设计阶段，通过BIM技术对建筑的整体造型、立面效果和室内空间布局进行直观展示，并在向业主方董事办公会进行规划方案汇报时提交了BIM模型及视频；在中原金融大厦项目管理中，在招标阶段便提出要求，装饰装修的二次设计大胆采取了正向BIM设计，利用BIM技术及全景VR模拟形式，业主方在逼真的视觉展示下，真实感触到装修空间布局、造型、材质、色彩和质感等全方位的装修效果，也方便设计方及时按照业主要求进行设计调整，大大提高了沟通效率，在方案优化及初步设计阶段体现出了项

目管理方对设计管理高效、优质的作用。

四、项目目标的确定

工程项目的质量、进度和投资三大目标是一个相互关联的整体，三大目标之间既存在着矛盾，又存在着统一。进行工程项目管理，必须充分考虑工程项目三大目标之间的对立统一关系，统筹兼顾，合理确定三大目标，防止发生盲目追求单一目标而冲击或干扰其他目标的现象。

通过分析三大目标的控制，在工程项目的管理体制中，要力争使所建项目达到建设工期最短、投资最省、工程质量最高的目的，需重点关注以下几个问题。

（一）投资目标的完整性、合理性

由于项目管理方介入的时间点原因，许多项目投资估算已经编制完成并通过业主方审批，项目管理方在介入后，根据公司有关代建经验，通过与业主深入沟通交流，很快就将投资控制的重心放在设计概算阶段来弥补和完善；一些项目曾发现存在概算费用多项不准确的情况，项目管理方及时将审查发现的问题上报业主方，并积极组织多方进行适当增减，努力均衡控制投资造价与实际业主真实需求之间的矛盾。

（二）进度目标的可实施性

对于工期紧迫的项目，由于工期估算过紧，造成后续手续办理和各专项设计不能及时跟进，影响施工进度，造成拖期的风险。项目管理方对此要进行详细分析，根据实际情况，提出专业意见，确定合理工期。

（三）目标的确定应量化

对于投资目标和进度目标，应具体数字量化，以具备可实施性。

五、项目规划与实施

（一）项目的规划

项目管理过程分为启动、规划、执行、监控和收尾五大过程组，共包含47个管理过程，其中，规划过程组划分24个分组，在项目管理过程中占据重要位置。

在工作开展前，根据项目背景分析获得的数据和信息，编制详细的项目管理规划，具体内容包括：

1. 项目概况；

2. 项目的目标分析与论证；

3. 管理组织机构；

4. 项目采购与合同管理；

5. 项目管理的方法与手段，包括质量控制、进度控制、投资控制、信息管理、安全健康与环境；

6. 项目风险管理；

7. 技术路线和关键技术分析；

8. 设计过程的管理；

9. 施工过程的管理；

10. 阳光工程措施。

（二）项目实施

1. 建章立制

根据项目管理规划，结合业主方的管理特点，在项目管理过程中建立健全了各项管理制度和管理流程。共制定了项目管理程序类文件14项、各部门工作管理手册及包含设计文件审核流程、设计变更审核流程、报建报批流程、资金审核拨付流程等多个流程的文件和管理办法若干。

2. 工作分解结构（WBS）

根据管理合同的服务范围和工程项目的管理工作需要，对前期阶段、勘察设计阶段、开工准备阶段、施工阶段、竣工验收阶段、后评价与质保期阶段共6个阶段的工作进行了工作结构分解，共形成123个工作包。

3. 目标控制

1）质量控制

项目管理质量控制的重点阶段主要体现在设计阶段，需要做到以下四点：

（1）高度重视设计任务书的编制，充分理解业主方需求，将质量控制的要求写在设计任务书中。

（2）确保方案设计、初步设计、施工图设计各设计深度的内容一致性、完整性和技术参数的符合性。

（3）注重方案设计阶段的比选和优化，以充分满足业主方需求为根本目标。

（4）合理把握初步设计阶段设计深度以及设备和系统的完整性。

2）进度控制

进度管理中任一节点的进度滞后，都可能会对整体进度计划造成很大影响，在设计和施工过程中做好进度计划控制尤为重要。

（1）在设计管理过程中：

① 编制设计总进度计划目标，明确各阶段设计成果交付时间和相应设备、材料技术要求，提前确定相关设计标准等。

② 设置主要时间控制点，如各阶段设计文件审查确认时间、政府相关机构报建审批完成时间、关键设备和材料采购文件技术标准的提交时间等。

③ 关注专业设计和深化设计的切入时间及时间搭接。

（2）在施工建造过程中：

① 关注手续办理和工程施工环节的前后关系，保证工程规范合法；

② 关注各专业分包单位的进场时间；

③ 关注大型设备的采购、生产周期和到场时间；

④ 关注市政配套和道路、市政接口的配合时间及手续办理；

⑤ 关注材料供应滞后造成的影响。

3）投资控制

投资管理体现在建设程序的各个阶段，做好投资估算、设计概算、施工图预算、竣工结算、竣工决算的全过程管理。投资控制需关注的重点主要体现在以下方面。

（1）投资估算的准确性

作为项目决策的重要依据性文件，投资估算要能够正确完整地反映工程项目的建设投资，合理预测各种动态因素的变化。

设计阶段建议推行限额设计，避免"三超"现象发生，特别是在装修设计和设备采购环节，要提前对相关费用进行详细估算，切忌一味追求高品质，而忽略了整体估算额度，造成后期难以调整的局面，这是项目管理投资控制要防范的风险，应向业主方提前提示此处风险，降低预期，合理把控。

（2）施工阶段功能性的变更

业主方在施工期间，可能会因功能使用需求的变更，提出功能性、经营业态的调整变更，项目管理方要提前进行相关费用的估算和测评。对于涉及全过程造价咨询单位的项目，咨询阶段的划分应考虑继承性和相互监督的作用。

4. 招标及采购管理

招标与采购管理是项目管理中重要的组成部分，事前需进行详细规划和计划。可根据工程规模和类别，对合同包进行合理划分，如果太大，超过施工单位能力，会顾此失彼不能兼顾；又要避免出现过于零散，加大管理难度的情形。

兼顾政策法规的合规性，避免出现肢解发包的现象，提前明确必须公开招标以及可以由业主自主发包的项目。在确定施工合同类型时，充分考虑各种风险，尤其是材料涨价的风险，固定总价合同不建议应用于大型工程。

电梯、空调等大型设备采购时，应提前对技术参数要求与现有图纸进行符合性审查。

5. 合同管理

合同签订后，按照合同的不同类型，分门别类建立合同管理台账，对合同履约、变更补充、款项支付等进行登记和管理，提前做好合同争议的处理和风险防范方案。

6. 风险管理

风险管理过程主要包括风险识别、风险分析、风险应对和风险控制几个环节。风险识别要尽量全面，可采用渐进明细动态管理的方法进行识别。

项目管理方尤其要对业主方的风险和自身管理的风险进行认真的评估，形成风险登记册和风险应对规划，并及时进行更新。

结语

通过项目管理理论与实践的结合，我们积累了相关经验、学到了新的技术及管理方面的工作思路。项目管理过程结束后，我们收获了与项目建设有关的所有组织过程资产，通过对这些组织资产进行分类、记录和整理，有效提升了我们在项目管理方面的专业水平，为今后规范项目管理工作、加强流程和制度管理、汇编项目管理表单模板等提供了借鉴。

参考文献

[1] 丁士昭 . 工程项目管理 [M]. 北京：中国建筑工业出版社，2006.

[2] 成虎 . 工程项目管理 [M]. 北京：中国建筑工业出版社，2001.

[3] 许元龙 . 业主委托的工程项目管理 [M]. 北京：中国建筑工业出版社，2005.

[4] 邱菀华 . 项目管理学——工程管理理论、方法与实践 [M]. 北京：科学出版社，2001.

正定新区起步区生态绿化工程PPP项目全过程工程咨询实践

瑞和安惠项目管理集团有限公司

一、项目概况

正定新区起步区部分生态绿化工程PPP项目总投资约5亿元，总占地面积84万 m²，项目采用"PPP"模式运作，为财政部第二批政府和社会资本合作示范项目。

二、管理服务内容

（一）PPP项目"两评一案"的编制

编写PPP项目实施方案，包括项目的可行性、必要性、运作方式、交易结构、合同体系、财务测算分析、项目监管框架和绩效、风险分配机制、采购方式、移交办法等。

进行财政承受能力评价和物有所值论证。协助整理项目入库资料申报。一是作为正确判断项目是否应采用PPP模式的决策依据，二是作为防范和控制财政风险的硬手段，若不考虑行业差异、项目风险识别与分配，将直接影响各细分指标设置及权重、评分参考标准、定性分析和评分结论。

（二）项目公司管理咨询

依据PPP合同，受委托人委托安排专业团队进入项目公司，参与项目公司的组建，行使岗位职责授予的权利义务，实施工程管理，主持实施工程建设，并

对采购合约、设计管理等进行监督，协调各方关系，推动项目顺利实施。协助委托人对项目实施监管，向委托人提供项目全过程监管的咨询服务，提供质量、风险等控制建议措施；作为管理方参与项目公司筹划成立，制定工程管理制度、流程，组织召开董事会，进而确定实施程序规则。组织结构图如图1所示。

（三）代委托方的手续跑办

编制施工前报批配套计划分解表及流程图（图2），按计划办理规划、交通、园林、绿化、人防、消防、环保等有关手续报批工作；负责项目市政配套设施报装，并根据相关部门批复的方案组织设计与施工，确保各项市政配套设

施与项目同步实施；组织施工图设计与审查工作；组织工程中间验收，会同委托单位、使用单位共同组织竣工验收，办理工程竣工的有关手续等。

（四）项目施工期的招标咨询

制定项目施工期招标咨询专项方案，确定施工、采购、服务类招标的总体计划、招标采购方式、计价方式、合同方式、合同主要条款、评标办法等。制定设计工作、施工的界面划分明细表；制定工程招标与材料、设备采购的流程。

（五）PPP项目合约咨询

代政府实施机构起草编写《PPP项目合同》。针对项目情况提前进行合约规

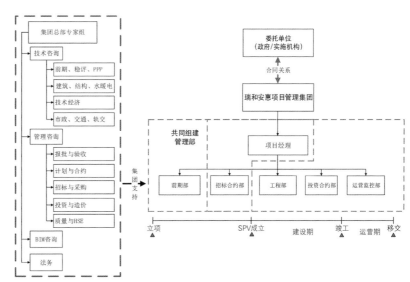

图1　全过程工程咨询组织架构图

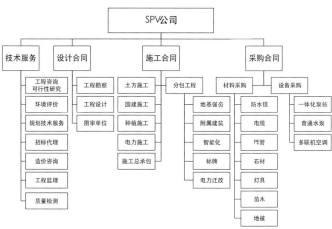

图3 项目合约架构图

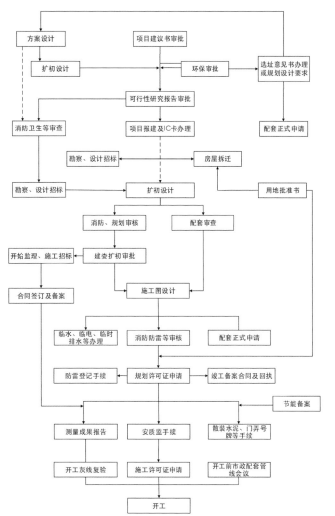

图2 施工前报批配套计划分解表及流程图

划，制定项目合约架构（图3），建立针对性、可操作性的合同体系，做好不同实施界面的划分，确定各方的管理范围，确保不同界面操作的系统性、完整性。确定了SPV公司合同的方式，按照技术服务、设计合同、施工合同、采购合同共包括了30项合同；制定合同管控分解表，确定合同性质及计价方式（固定价格、可调价格）；确定履约保函预付款比例、付款条款、支付节点等合同核心内容；制定合同签订流程、合同谈判流程，为后续招标分标及合同签订制定了框架方向。

（六）项目实施期的造价咨询

主要包括签约合同价的确定；施工期间计量支付、变更签证索赔费用的确定；主要苗木、材料设备的询价认价；工程竣工结算的审核。项目开始前按照确定的招标分标计划、界面划分表制定项目投资控制分解计划，提前制定投资控制流程图，按照"计划、实施、检查、行动（PDCA）"的原则进行计划、实施、控制、纠偏。

（七）代项目实施机构的项目管理

主要包括策划管理、勘察管理、设计管理、合同管理、施工组织管理、参建单位管理、验收管理、质量管理、计划管理、安全管理、信息管理、沟通管理、风险管理、人力资源管理与协调、

验收管理、移交管理、保修管理等。即全过程工程咨询"1+N"模式中的首要、核心服务"1"的内容。在这些管理要素中，我们按照现代项目管理体系的要求，按照项目启动、规划、实施、控制、收尾五大过程组，制定各项管理计划如进度、质量、费用、利益相关方、信息、沟通、风险等，然后逐项实施、逐项监控和纠偏，完成了既定的管理目标，获得了利益相关方的较高满意度。

（八）协助实施机构进行PPP项目的绩效评价

PPP咨询团队通过认真研究，确立实际运营本PPP项目的关键绩效指标，创建一个操作性强、可特定适用于PPP项目的绩效评价体系。通过动态评价体系及问题反馈机制，分析其原因和可能的影响因素，并及时反馈信息，提高政府项目决策及实施水平，参与方充分发挥各自优势，优化各类资源合理配置。

三、全过程工程咨询实践要点及创新

（一）应用集团开发的"惠管理"平台以及不同级别的微信群组，搭建了各

方沟通渠道。避免信息孤岛，保证准确传递，及时反馈。在项目运用过程中，重点应用功能突显。突出合约、投资、质安、物料4条管理主线，实现投资方或项目管理方对于项目进度、费用、安全、合同、档案等的综合管理，通过平台系统的业务管理体系对招标代理单位、设计单位、施工总承包单位、分包单位、监理单位等多利益相关方实现管理。

（二）应用集团开发的"惠招标"电子招投标平台。

（三）BIM技术应用。

BIM技术是住房城乡建设部目前大力推行的建筑业信息化技术。BIM技术能够消除40%预算外变更、造价估算控制在3%精确度范围内、造价估算耗费时间缩短80%，通过发现和解决冲突将合同价格降低10%、项目时限缩短7%等。集团自2013年引进BIM技术，已经具备了在工程设计、造价咨询、工程管理服务中面向项目各个阶段提供BIM技术咨询服务的能力。该项目占地面积大、地下管网错综复杂，为避免后期变更，在设计成果检查方面应用BIM技术，完成管网工程的建模后通过碰撞检查，检测出碰撞点3000余处，每个碰撞点按照避免返工、拆除、复工等节约成本200元计算，共能节约成本60余万元。

并且，项目上应用"惠管理"和BIM 5D平台进行技术、商务上的管控，提高了管理效率，提升了项目现场文明施工形象和质量。

（四）将设计管理作为首要管控点。

设计质量不仅仅涉及将来的工程效果，还事关项目总投资把控。所以将设计管理作为工作中的首要管控点，着力采取了如下措施：

1. 设计合同的约定

在设计合同中约定总体设计与专项设计范围界面、设计进度节点控制计划和质量要求，以及明确了施工期间驻场设计频率、时间、成果等事宜，保证施工期间图纸会审、变更处理及不同专业间冲突解决等配合顺利。

2. 多重审图保证效果

除通过审图机构审图及项目各方各专业审图外，其他重要节点效果、苗木种植效果等还邀请行业专家共同进行专项论证，以保证设计质量及交付后的观感效果。

3. 加强过度设计的管控

以结构为例，在设计中不仅仅要保证安全，还要避免过度设计。该工程的湿地挡墙，设计院施工图就偏于保守，导致混凝土使用量巨大，本公司审图发现后向政府方提出调整建议，并经专家审核论证后，最终设计院在挡墙高度、宽度、基础厚度、钢筋用量等几个方面进行了修改完善，节约商品混凝土约4200m³，钢筋近500t，减少挖填方近2万m³，止水带、模板也相应减少，节约了工程造价。

（五）应用无人机技术做好土方平衡及物料跟踪。

本项目场地广阔、现场土方平衡量巨大，使用无人机航拍结合点云三维成像技术形成模型数据，将航拍影像资料通过Photoscan软件处理提取模型数据后，把数据导入Revit软件/南方CASS软件之中生成原始地貌模型，再根据设计图纸在原始地貌模型的基础上绘制设计湖区开挖和山体堆筑模型，两模型之间的差异体量即为土石方开挖量和山体堆筑量，利用Revit软件直接导出报表则得出土石方开挖量和山体堆筑量，完成土方平衡计算。

同时，尝试应用无人机技术，通过定期、不定期航拍，收集现场的一手影像资料，高效率地了解现场进度、质量、安全文明情况，分析与计划偏差的原因；通过对航拍的进一步加工，还可以对土方量进行动态监测，为后期结算留下宝贵资料；另外，尝试了制作待拆迁图片，制作宣传短视频，形象直观地向上级汇报项目进展。

（六）做好"概算"为核心的投资管控。

做好"概算"为核心的投资管控，针对该项目为"PPP"模式的属性，作为政府方委托的咨询单位，我们重点把握了限额设计、初步设计概算评审、严管限额招标、制定合理的合同体系、执行完善的合同条款、严控设计变更这几个环节，有针对性地进行投资管控。在变更管理上，根据变更估算额度、紧急程度对变更进行分类，制定变更审批程序，按照"上报—审核—确定"的程序来确定是否变更，上报变更事项时同步上报变更费用估算价，做到"一单一审、费用透明"，有效地控制了投资。

（七）创建了适合项目的绩效考核评价体系。

在构建绩效评价指标体系中需要做充分的前期调查、资料收集、整理和研究工作，根据共性指标与个性指标相结合的原则、定量指标与定性指标相结合的原则、静态指标与动态指标相结合的原则、全过程指标与阶段性指标相结合的原则、整体性指标与分层次指标相结合的原则，确定一级、二级、三级指标及其权重，进行建设期及运营期绩效考核。

"项目管理+监理"咨询服务尝试

王玉明

湖南电力工程咨询有限公司

摘 要：本文从协同理论和激励理论演绎出全过程工程咨询重要意义，介绍了湖南电力工程咨询公司在试点项目开展"项目管理+监理"的咨询服务模式情况，总结典型经验，最后对全过程工程咨询当前应解决的问题进行了思考，提出了建议。

关键词：全过程工程咨询；项目管理+监理；协同管理；激励理论

一、全过程工程咨询的理论基础和重要意义

（一）协同理论

协同管理是协调两个或更多不同的个体、资源或组织，以实现共同的目标。它不仅涉及人与人之间的协作，还会涉及不同的系统、数据和设备。组织在协调或操作各种资源的时候，消除协调过程中产生的障碍是非常重要的。在协同管理中，人的协同是核心，而信息、流程、应用、资源等协同都是为了服务于人的有效协同而存在的。全过程工程咨询本质就是将"投资咨询、招标代理、勘察、设计、监理、造价、项目管理"等专业化的咨询服务业有机地协同起来，使工程项目达到最佳效果。

协同的本质在于价值创造，协同是组织战略决策依据的一个最为重要的基本原则。组织的整体价值有可能大于各部分价值的总和，而取得这种额外收益的潜在机会与组织的能力密切相关，协同表达的理念是组织整体的价值大于其各独立组成部分价值的简单总和，即达到 1+1>2 的效果。协同也被用于识别下级组织间的相互关系和价值链以构建组织的竞争优势。协同管理理念主要体现为三大基本思想，即"信息网状思想""业务关联思想"和"随需而应思想"。工程项目全过程工程咨询就是这三大基本思想的具体应用。

1. 信息网状思想

组织中的各种信息都不是孤立的，都是存在着联系的。如果这些相互关联的信息被存储在不同的数据库中，管理者就只能得到独立的信息资源而无从获得更多的信息以更好地进行决策。对此，协同管理提供了很好的解决方案，它将各种分散的、不规则存在的信息整合成一张"信息网"，各信息节点之间依靠某些业务逻辑关系相关联，这样访问者就可以打破信息孤岛的困扰，从而获取自己想要的信息。管理的一个重要作用就是对全局信息进行把控，而协同管理的网状思想很好地诠释了管理的意义。

2. 业务关联思想

从表面上来看，组织的业务被分为各个业务环节并归属于某个部门或某个人员负责，而事实上这些业务环节之间有着非常密切的联系，更为重要的是他们都必须为组织的共同目标而运作。为了保证各个业务环节之间的同步，组织不得不在多个业务之间来回切换，这对管理人员造成了非常大的麻烦和困扰。而协同管理则可以对这些业务环节进行充分的整合，并将其纳入协同统一进行管理，任何一个业务环节的信息变更都

可以及时得到更新，从而实现业务与业务之间的有效对接。

3. 随需而应思想

组织的各种资源，包括人、财、物、信息和流程等共同组成了组织运作的基本要素。协同管理将这些资源整合在统一的系统上，并通过网状信息和关联业务的协同环境将它们联系在一起。为统一目标而组建的"虚拟团队"M成员共享收益、共担风险。当然，"虚拟团队"不光包含了人，还包含了财、物等资源，例如会议室、项目文档等。而在协同管理系统中，这些资源可以突破各种障碍而被迅速找到并集合到一起，实现它们之间的沟通和协作，从而保证项目的顺利完成。

全过程工程咨询实现咨询模式本质的就是协同管理，是打破资源（人、财、物、信息、流程等）之间的各种壁垒和边界，使资源为共同的目标而进行协调运作，通过对各种资源最大的开发、利用和增值以充分达成共同的目标，降低投资成本，提升工程管理效率，且较好地解决"信息孤岛""应用孤岛"和"资源孤岛"三大问题，实现了全过程工程咨询信息协同、业务协同和资源协同，充分体现了咨询公司的竞争优势。

（二）激励理论

建设管理单位将各专项咨询服务委托给咨询公司完成，建设管理单位与咨询公司的关系实际是一种长期委托代理关系，因此即使没有业务显性激励的合同，咨询公司也会积极工作，咨询公司为获得业务，必须保持良好的声誉，市场机制促进了咨询公司的自我约束，建设管理单位（委托方）与咨询公司（受托方）双赢，这就是激励理论的本质。全过程工程咨询将建设管理工作由建设管理单位亲力亲为，改革为以市场机制形式寻找符合条件的咨询公司完成，是一种激励机制的变革，其目标是通过激励机制的变革，使工程项目从可行性研究、项目立项、招投标管理、勘察设计、项目管理、施工监理、项目后评价、生产营运等全生命周期实现全过程管理集约化、方案最优化、效果最大化。全过程工程咨询不是工程建设各环节、各阶段咨询工作的简单罗列，而是把各个阶段的咨询服务看作一个有机整体，在决策指导设计、设计指导施工、施工服务于生产的同时，使后一阶段的信息在前期集成、前一阶段的工作指导后一阶段的工作，从而优化咨询成果，提高项目投资的经济效益和社会效益，促进质量发展，培育出具有国际竞争力的咨询公司，这也是推行全过程工程咨询的主要意义所在。

二、全过程工程咨询项目实践

对于企业来说，转型升级往往是一个复杂痛苦的过程，特别是原来从事单一监理业务的公司，要转型从事全过程工程咨询不可能一蹴而就，比如说原来没有从事过设计咨询，非要去搞设计业务是不现实的。根据自身的优势选择突破方向，才能事半功倍。对于大多数监理公司来说，选择"项目管理＋监理"的咨询模式进行全过程工程咨询零的突破，是一个明智的选项。湖南电力工程咨询有限公司就是以这种模式开展了全过程工程咨询试点。

（一）在公司体制和管理制度方面进行改革

2017年，湖南省被住房城乡建设部选定为全过程工程咨询试点省份，湖南电力工程咨询有限公司有幸成为试点企业之一。公司为了更好地抓住难得的转型升级机遇，进行了一系列的创新改革。"湖南电力工程咨询有限公司"由原来的"湖南电力建设监理咨询有限责任公司"更名而来，由主要以监理和造价咨询业务为主的民营企业变更为集体企业，利用企业改制的机会，公司吸收了一大批具有丰富电力工程项目管理经验的专业人才，为开展全过程工程咨询业务奠定了坚实基础，将公司原"安质部"扩大管理职能后变为"工程管理部"，将原"财务部"和"计划经营部"合并为新的"计财部"。新公司同时延续原监理公司对人力资源管理相对灵活的体制，在工程项目现场，人力、物力投入需求能得到快速的响应，有利于进一步夯实工程现场安全、质量及进度的管控。公司通过市场竞争方式获得咨询业务，目前主要业务有"项目管理"（含项目前期、工程前期、工程建设）、"工程监理""造价咨询"等咨询业务。由于业务范围的延伸，公司质量体系文件增加了《输变电工程项目管理控制》文件，编制了"输变电工程项目全过程主要业务流程图"及"全过程工程咨询现场管理标准化布置方案"。

（二）在业务界面方面实现突破

1. 公司通过市场竞争，获得了浏阳500kV输变电项目的"项目管理＋监理"咨询业务。从项目前期开始介入，参与了项目选址选线、项目可行性研究、办理选址意见书（函）、办理用地预审、准备核准资料等，即涵盖地灾、压矿、环评、水保、选址意见书（函）、用地预审等专题办理。在工程前期，参与初步设计及评审，申报物资计划及招标计划、林业手续办理、征（占）地手续办理、规划及国土手续办理、申报施工及监理招标计划、申报消防设计审核及验收、办理"线路二跨"手续、办理开工手续等工作。这是公司在电网工程建设业务链上，新的突破。

2. 在工程建设阶段，原来由建设管理单位负责的现场工作和监理工作，全部由公司咨询项目部负责，建设管理单位省去了现场项目部，现场组织协调、安全质量管理、进度控制、造价控制及合同管理等工作全部由咨询项目部负责处理。

3. 在造价咨询方面，包含了工程初步设计与概算管理、施工图预算管理、过程造价控制、工程结算管理、造价统计分析、项目后评价、技经标准以及定额管理等业务内容。造价咨询和项目管理职能分别在咨询公司的不同部门，内部制定沟通协调机制，项目部的技经专责由造价咨询部门的技经人员负责。

（三）试点项目成效

1. 浏阳 500kV 输变电工程建设规模（见下表）

2. 咨询服务内容及组织模式

本项目全过程工程咨询服务内容包含工程项目管理和工程监理，为项目前期、工程前期、工程建设、总结评价各阶段提供工程咨询服务以及全过程造价管理服务。

公司在工程现场组建了全过程咨询项目管理部，项目管理组织机构采用垂直管理模式，项目管理部代表咨询公司履行现场全过程咨询工程管理职能。建设管理单位不再在现场设立业主项目管理部。

咨询项目部对项目建设进度、安全、质量、技术、造价等实施现场管理，统筹协调工程建设相关方关系，负责工程设计、施工、调试等参建单位的合同履约管理，努力实现工程各项目标。

3. 试点工程典型经验

1）从项目前期开始介入，为后续工程建设打下了良好的基础。项目管理部与建设单位共同参与项目可研设计评审、系统接入方案的审查、工程招标、工程前期、行政许可手续办理、征地拆迁等工程前期业务工作，实现了前期业务纵向无缝融合。代表建设单位委托，组织项目建议书、可行性研究报告（包括确定投资目标、风险分析、建设方案等）、评估报告（包括节能评估、环境影响评价、交通影响评价、安全影响评价、社会影响评价、地质灾害危险性评估及水土保持方案）等相关文件的编制和内审。转委托第三方机构进行"建设用地预审"和编制"建设项目选址意见书"等各项支持性文件，取得相关批复。确保了工程建设的依法合规，最大限度地

节约前期工作时间，缩短工程建设周期。

2）减少了现场管理层次，提高了现场管理效率和管控力度。电网工程建设原来在现场一般都设立业主项目部和监理项目部，全面负责现场建设管理工作，监理项目部和业主项目部存在工作界面不清，既有重叠又有空当，且存在多头指挥的问题，监理在现场缺乏威信，施工和监理许多工作需申报业主项目审批，现在由咨询项目部统管，缩短管理链条，从源头上消除了业主项目部和监理项目部相互推诿的现象，咨询项目部较之前的监理项目部更有威信力，提高了现场管控效力。

3）采用全过程工程咨询模式后，咨询公司有能力为咨询项目部配备更多的专业人员，让专业人员管专业事，以提升工程建设管理效果，解决了原来的业主和监理两个项目部都存在人员配备不足、两层都薄弱、两层都不到位的问题。浏阳 500kV 输变电项目尽管在建设期间，遭遇了 50 年不遇的罕见长时间雨季（时间达 9 个月），但项目各项目标都超预期实现。

4）全过程咨询企业作为专业的咨询管理公司，应用大数据、物联网、建筑信息模型（BIM）等新的技术管理手段提升管理效果，突破传统的现场管理模式，使全过程工程咨询发挥更大效应是必然趋势。我们在试点项目上，也做了初步尝试。

咨询项目部在浏阳 500kV 输变电项目中搭建了"项目管理＋互联网"管理平台，应用 4G 网络、物联网等技术，实时全程监控施工现场。物联网布设分为高空视频设备、人员车辆管控设备、射频设备、边坡稳定传感器、环境气象监测设备、一体化监控室。对现场进行

浏阳500kV输变电工程建设规模表

序号	项目名称	本期规模	远景规模	接线方式
1	主变压器	1×1000MVA	4×1000MVA	单相自耦变压器
2	500kV出线回路数	2回	10回	一个半断路器接线
3	220kV出线回路数	6回	16回	双母线双分段
4	35kV并联电容器	4×（3×60Mvar）	4×（3×60Mvar）	单母线
5	35kV并联电抗器	1×60Mvar	6×60Mvar	—
6	鼎功—浏阳500kV线路	45.142km		
7	云田—浏阳500kV线路	55.742km		

图1 现场监控中心

图2 智能建管平台

24小时、多角度摄像，在监控室内能全程观看到现场的每个角落，现场作业情况一目了然，能在第一时间发现违规、违章行为，并迅速处理（图1）。同时，通过"智能建管"平台抓拍违章、违规举证照片（图2），要求施工单位举一反三，吸取教训。

现场设置微气象观测系统，对作业现场温度、湿度、噪声、风向、雨量、风速、PM$_{2.5}$、PM$_{10}$等进行观测，通过"智能建管"分析区域空气监测实时数据、历史数据，对施工噪声、扬尘超标等发布报警预警，一是减少因施工对周边环境的影响而引起工程纠纷和阻工，二是为工程施工作业安排提供气象服务。利用这套系统，通过雨量、风速分析，将作业安排细化到小时，充分利用停雨间隙进行施工，加快了施工进度，虽然遭遇了50年不遇的罕见长时间雨季，却仍保证了工期目标的实现。

图3 远程高空监控

利用BIM技术对设计和施工方案进行模拟碰撞检查、三级以上风险的施工作业模拟检查，将问题发现在萌芽状态，获得了很好的事前控制效果。例如，通过BIM模拟检查，发现了多处钢横梁与构架柱爬梯冲突碰撞、构架柱斜拉杆与横梁节点冲突、梁柱节点螺栓孔距不匹配等问题。本站220kV构架近306t，应用BIM施工模拟技术的优化作业方案，从施工吊装准备到吊装完成共用5个工作日，比原方案节约5个工作日。

在浏阳500kV输变电项目和配套500kV线路上应用穿戴式智能安全帽和现场移动终端设备，现场地面管理人员通过App可实现对高空作业全程监控（图3）。

另外，我们利用基于高分辨率卫星数据，对浏阳500kV配套线路进行环保、水保实施情况监测，不用人工检查，全线环保、水保情况通过不同时期影像

智能安全帽

对比一目了然，节约了大量的人工，并能及时发现施工中存在的问题，使环保、水保建设管理不留死角。

依托工程积极开展课题研究和QC活动，《户外HGIS/GIS智能控制柜一体化设计技术》和《变电站装配式建筑防雷接地技术研究》被列入国家电网有限公司科研项目和国家电网有限公司基建新技术应用目录，《变电站装配式建筑防雷接地技术研究》获得中国电力建设企业协会的科技进步二等奖。QC成果已获奖四项，还有多项成果正在申报之中。公司还开展了《全过程工程咨询模式现有法律风险和责任》与《全过程工程咨询取费方式及取费标准》两项专题研究，并在核心期刊上发表了《全过程工程咨询单位质量责任主体的法律风险探讨》和《建设项目全过程工程咨询取费模式及标准存在的问题与对策探讨》两篇论文。

三、全过程工程咨询有关问题思考

（一）当前，全过程工程咨询取费没有统一标准，因此，我们建议行业管理部门对全过程工程咨询取费进行调研，制定全过程工程咨询取费基本规定。利用市场机制，咨询服务酬金的收取标准应体现"优质优价"的原则，委托方和

受托方符合权、责、利对等原则，才能有利于提高工程咨询服务的质量水平。

（二）现阶段全过程工程咨询服务法律依据还有待明确。原工程建设项目采用逐项发包模式，通常情况下，建设管理、勘测、设计、监理、施工五方是不同的法人主体，但在全过程咨询模式下，勘测、设计、监理三方主体可能合并为一个企业法人，这种情况下有关安全质量法律责任在现行法律框架下并没有具体明确，追查责任时只能靠推演。还有招标、投标方面，各省市公布的全过程工程咨询方案中作了不同的说明，并没有上升到法律层面，这方面也有待法律进一步统一明确。

（三）目前，建设项目限于原来的建设管理模式，将项目建设咨询业务分成多个阶段，逐一招标，业主负责全过程统一管理，业主需要一大批的专业管理人员。当前建设项目全过程工程咨询试点大多局限于在工程建设阶段，范围很窄，还不是真正意义上的全过程工程咨询。由于目前开展全过程工程咨询还存在许多制约因素，如现有的咨询企业能力不能满足要求，法律法规不够完善，或有冲突，使得业主单位采用全过程工程咨询模式进行工程建设存在许多顾虑，且原来的管理模式轻车熟路；因此，对全过程工程咨询积极性不高。为了促进

全过程工程咨询行业的发展，一是原监理型企业必须加快人才的积累，采取兼并合作的方式快速拓宽业务范围，强化内部管理，迅速提高全过程咨询的业务能力。二是要推动全过程工程咨询市场健康发展，引导创新项目管理模式，积极采用全过程工程咨询模式，与国际接轨，提高项目投资效益和管理水平。

（四）全过程工程咨询服务技术标准、全过程工程咨询服务招标文本、全过程工程咨询服务合同范本等规范性文件，对全过程工程咨询健康、规范发展具有重要意义，建议尽快制定和完善。

（五）提高咨询公司职业保险意识。咨询工程师责任赔偿制度在立法上是否明确、完善，是咨询工程师职业责任保险能否有效发展的关键。《建筑法》规定了设计、监理责任赔偿制度，这是实行设计师、监理工程师职业责任保险的重要基础。在此基础上，还必须建立内容具体、具有可操作性的实施细则和相关法规与之配套。此外，与FIDIC合同条件相比，中国的建设工程监理合同以及建设工程勘察、设计合同都没有对工程师的职业责任保险作出规定，对其中涉及工程师赔偿责任的条款也存在着模糊不清的解释，使得我国现有工程师职业责任保险的保障范围过小，不足以补偿由于工程师的失误所造成的建设管理

单位和第三方的损失。应参照FIDIC合同条件，在监理合同、设计合同及其他咨询合同中加入监理工程师职业责任保险的专项条款，使职业责任保险真正为建设管理单位与工程咨询公司所重视，全面提高咨询公司的质量意识、风险意识。

公司在全过程工程咨询探索的路上，仅仅是迈出了一小步，取得的经验也是微不足道的，其目的是与全过程工程咨询业的同仁们共同探索，致力于全过程工程服务业的健康发展。

参考文献

[1] 国务院办公厅关于促进建筑业持续健康发展的意见（国办发〔2017〕19号）

[2] 住房城乡建设部关于印发建筑业发展"十三五"规划的通知（建市〔2017〕98号）

[3] 住房城乡建设部关于开展全过程工程咨询试点工作的通知（建市〔2017〕101号）

[4] 国家发展改革委 住房城乡建设部关于推进全过程工程咨询服务发展的指导意见（发改投资规〔2019〕515号）

[5] 工程咨询行业管理办法（中华人民共和国国家发展和改革委员会令第9号）

[6] 湖南省全过程工程咨询试点工作方案（湘建设函〔2017〕446号）

[7] 金龙. 全过程工程咨询服务模式的探索 [J]. 上海建设科技, 2018,227 (3)：119-121.

[8] 杨志明. 国外全过程工程咨询服务模式研究 [J]. 建设监理, 2018 (07)：9-11.

[9] 郑大为. 全过程工程咨询理论应用与服务实践探析 [J]. 建设监理, 2018 (5)：5-10.

项目管理监理一体化服务应用实践与思考

张保为　韩涛

河南建达工程咨询有限公司

摘　要：项目管理监理一体化服务模式是近年来新兴的一种模式。笔者通过本公司在项目管理监理一体化的实践应用与经验总结，从市场需求与业主需求的维度深入思考，发表一些看法，希望监理行业能够在多元化发展与创新发展的大潮中更进一步。

关键词：项目管理监理一体化；设计管理；风险防控；阳光工程

引言

自1988年实行工程监理制度试点以来，至今已30多年。期间，涌现出一批优秀监理企业和人员。随着建筑业市场化的推进，工程监理的作用、地位、发展方向遭遇了挑战。继《关于培育发展工程总承包和工程项目管理企业的指导意见》（建市〔2003〕30号）明确指出要大力发展工程项目管理企业之后，住房城乡建设部《关于印发〈建设工程项目管理试行办法〉的通知》（建市〔2004〕200号）明确了项目管理业务范围实操性依据。在此之后，《关于印发〈关于大型工程监理单位创建工程项目管理企业的指导意见〉的通知》（建市〔2008〕226号）、《住房城乡建设部关于推进建筑业发展和改革的若干意见》（建市〔2014〕92号）、《国务院办公厅关于促进建筑业持续健康发展的意见》（国办发〔2017〕19号）等文件先后出台，大中型监理企业普遍面临转型的困惑与挑战。

笔者所在企业作为河南省知名监理企业，本着依托高校、科学管理、创一流服务的理念，在行业中具有良好的监理与咨询服务口碑，具有丰富的代建经验，如河南省省委党校新校区与郑州市委党校迁建工程等一批代建项目。同时，企业也一直在进行着相关理论研究和知识技术与人才储备，先后在本地区承接了多个工程项目管理业务，其中一部分为项目管理与监理一体化服务项目，如某证券总部大厦、某金融大厦项目，通过与业主的良好沟通及业主的高度认可、信任，凭借过硬的专业配套、技术素养、管理思路、工作能力、倾情为业主服务的精神，这些项目成为企业项目管理监理一体化示范试点工程。

一、工程概况及特点、难点

（一）工程概况

某信托金融大厦位于河南省郑州市郑东新区龙湖金融岛内环（中原经济区的金融集聚核心区，被誉为河南的"陆家嘴"），是河南省内某信托公司总部大厦。建筑高度60m，地下4层，地上13层。地上建筑面积30078.14m²，地下建筑面积12138.11m²，总建筑面积42216.25m²，主体为钢筋混凝土框架剪力墙结构。

（二）工程特点、难点

特点：本项目将采用装备先进的智能化系统，主要用于金融营业、财富中心、新产品展示中心、信托研发中心、信息技术及营运机房、地下车库、设备用房等。过程中建立了以 BIM 应用为载体的项目管理信息化，提升项目生产效率、提高建筑质量、缩短工期、降低建造成本。

难点：项目管理介入时，金融岛区域提供的可选建筑方案已经审批，但初步设计及施工图设计还未开始，报批报建工作部分完成，工期、设计管理、施工、监理、造价及多个专项设计与专项施工的策划组织实施任务及外联等工作量非常大。本项目质量目标定为中州杯、绿色建筑二星级，安全文明目标为省级安全文明工地。项目处于狭小的空间，施工组织协调工作量巨大。

二、制定适用于业主项目特点的一体化目标与理念

管理目标：本着以"现代项目管理理论为核心，BIM 技术应用为主线，主动控制为手段，制度建设为保障，廉政建设为准绳"的一体化管理工作实施理念，在该工程工作中，系统构建项目综合管理、范围管理、时间管理、成本管理、质量管理、人力资源管理、沟通管理、风险管理、采购管理、工程现场质量安全监理等多项业主方的管理职能体系，以勤奋为业主服务、认真对项目负责，建设阳光工程为宗旨进行工作，实现杜绝质量事故、工序合格率100%，争创"中州杯"。

工作理念：超前谋划、主动执行；质量理念：一次做优、持续提升；安全理念：项目安全、至高无上；团队理念：优势互补、合作共赢；愿景打造：示范项目、建设品牌工程。

三、运用科学的方法策划分解一体化服务工作

（一）运用 WBS 方法分解全过程项目管理工作

该金融大厦工程项目管理与监理工作按照全过程项目管理阶段分为五大阶段：前期准备阶段、项目建造阶段、竣工验收及移交阶段、运维与质保期阶段、结（决）算阶段。其中，前期准备阶段分解的29子项任务均已完成。项目建造阶段所分解的49子项任务已在进行中，后续3个阶段的24子项任务还未开展。

（二）精心策划项目里程碑与执行情况

本项目共策划32个里程碑事件，其执行情况为：完成25项，进行中7项。陆续待开展2项。

四、项目管理前期准备阶段的实施情况

（一）建章立制

制度化管理是本项目各项工作正常有序开展的基础，是提高工作效率和工作质量，降低项目风险运作，打造阳光工程的重要管理手段。

（二）报批报建

按照报建程序先后完成防空地下室施工图设计文件备案批准书、郑州市民用建筑设计方案节能审批意见书、项目备案确认书、建设项目指标核算报告、施工图设计文件审查合格书、质量监督登记、安全监督备案、消防设计审核意见批复等，依法合规取得四证。

（三）设计管理

1. 厘清设计管理理念。运用目标管理方法确定质量目标、进度目标、投资目标。核心不是对设计单位工作进行监督，而是通过建立一套沟通、交流与协作的系统化管理制度，在本集团院校设计顾问专家的协助下，为业主提供关键环节建筑功能、技术方案优化建议等技术支持，帮助业主和设计方实现建设项目艺术、经济、技术和社会效益的平衡。

2. 完成重点设计管理任务。编制工程设计任务书，充分沟通后理解业主方对项目功能要求、使用要求、质量要求等方面的真实需求，将质量控制的要求反映在设计任务书中；组织、督导初步设计和施工图设计，以及各阶段设计成果的论证会和报批等；组织方案优化，审核设计概算，提出控制概算。

3. 努力提高设计质量管理。在满足国家强制性条文及各部门（施工图审查、人防办、消防支队等）技术要求的基础上，重心更多放在如何较好地满足业主"真实需求"上，管理检查各阶段设计是否达到规定的设计深度，工程监理一体化能够更好地从施工质量控制角度去延伸保证各专业设计内容满足施工安装实际需要。运用 BIM 技术对设计成果进行全自动检查，通过 BIM 模型构建、碰撞检查辅助业主发现问题及提出优化建议。建立变更流程制度。

4. 组织方案比选。根据该项目实际情况，为业主方建筑平面空间使用更优、空调设计更舒适及备用空调需求可行性等一系列关注事宜提供了设计免费咨询建议与服务，多次及时组织专题技术沟通会、研讨会，会同专业化第三方公司共同解答业主疑惑、提供可行的方案建议与措施。

5. 加强设计沟通管理。因为发包模式的原因，本项目设计管理涉及多专业

技术交流，建立必要的沟通原则和专项对接要求，利用交谈、会议、书面、访问等沟通手段，确定有效的设计例会制度、设计汇报及报告制度、设计结果评审制度等一系列方法，保证避免设计反复、返工等现象，同时提高了业主决策效率。

五、打造阳光工程的措施保障

保证工程优质、资金安全、人员廉洁是目前建筑行业中面临的需要研究和破解的重大现实问题，亦是本项目重点防范之处。实践证明，推进制度创新，规范权力运行，加大廉政风险防范工作力度，是加强廉政工作的关键。廉政风险防控是把权力运行程序的公开透明作为重点，以项目的建设流程为主线，对可能产生的廉政风险点进行了逐一排查，并针对每个廉政风险点提出了相应的防控措施，同时明确了各廉政风险防控的责任主体，充分体现了关口前移、超前防范的监管理念，是便于各参建单位的廉政工作指南。

建立廉政建设风险防控机制。

在本项目实施应用《廉政建设风险防控手册》，是预防腐败的有效举措，是从源头上防范本项目廉政风险的有效措施，是防止建筑行业内陋习渗透本项目并对突出问题开展专项治理工作的重要举措，对于更好地防范某金融大厦建设时期的廉政风险，促进项目又好又快发展具有十分重要的意义。如招投标工作的风险防控在招投标的12个流程中，识别廉政风险点40个，并建立防控措施。在实际招标过程中，对公开招标与非公开招标（邀请招标、询价），均派

驻业主方纪检监察进行全过程监督。根据业主企业属性，量身定制，逐步建立相关廉政制度：全过程跟踪审计制度、招投标管理制度、纪检监察派驻制、廉政合同、设置监督平台（举报电话、邮箱）等。

六、项目文化建设

为使该项目建设体现出"过程精品、标价分离、企业形象（CI）"的"三位一体"的项目管理模式，致力于打造以"和谐、尊重、求实、创新"为核心的企业文化，在该项目的项目管理工作中，着力打造项目文化的建设，如建立宣传栏、刊发项目简报等，切实体现项目建设过程中"干事创业、过程精品、文明施工、廉政建设"的项目管理内涵。

七、建造阶段一体化服务模式的探索

（一）团队认知统一

相对于由一家企业担任同一项目的项目管理和监理任务而言，项目管理与监理一体化服务模式最大的优势是：两个管理团队便于形成项目管理的合力，发挥最大管理效益。这其中：一是两个团队都是业主委托的工程管理和服务主体，二者分工明确，责权清晰，都是对业主负责，都接受业主管理和监督。项目管理团队由项目经理负责，受业主委托，对工程项目实施全过程、全方位的管理服务。工程监理团队由总监理工程师负责，全面负责工程的监理工作。在人员配备上，项目管理团队侧重于具有设计管理、造价管理、综合管理经验的人员，而监理团队侧重于具有工程施

工阶段监理经验的人员。业主可对两个团队实施分别管理、分别考评。二是项目管理团队和监理团队虽然管理层级有别，管理侧重点不同，但管理的终极目标一致。两者都要通过对项目进度、质量、投资和安全等进行管控，协助业主实现建设工程的总目标。在实际工作管理中，项目管理团队的项目经理要负总责，统一领导、统一指挥，总监理工程师要在项目经理的领导下组织开展监理工作。三是同一企业为同一个项目分别组建的项管团队和监理团队，是一个命运共同体，因此便于调动企业内部的管理资源，提高管理效率。监理任务由项目管理企业承担，可更好地解决工程项目管理与工程监理之间的包容与被包容的管理关系，缩短相互间的磨合时间，确保项目管理理念在工程实施中的更好实现。经过两个团队有效组合，达到资源最优化配置后，可在工作上形成真正的互补，确保各项工作无缝衔接，进而提高整个项目管理的执行力和管理效率。

（二）企业重视、分公司措施得当

笔者企业就某金融大厦项目管理与监理一体化服务给予高度重视，做了大量准备工作。一是统一思想、提高认识。公司对首个项目管理和监理一体化项目高度重视，思想意识上提升到企业发展战略高度，公司为此特意发文提出有关组织架构的要求，确保总体咨询服务质量。二是组织措施。在具体准备方面，已为一体化的服务各阶段准备好项目管理、监理服务团队，一个公司、两个团队人员完全分离。三是制度措施。在已有项目管理制度建设中已完成相应内容。为打消业主顾虑，有针对性地设置了风控措施。

（三）实施项目管理与监理一体化服务的具体措施

1.组织措施：优化项目组织管理结构

充分发挥企业对项目部总体管理的矩阵制组织结构的优势，组织结构模式设置中的纵向方面项目管理部的项目经理作为项目管理监理一体化服务模式的受托方代表，全面履行全过程项目管理的管理方项目经理的责、权、利，工程总监理工程师在管理流程上接受项目经理的领导，但在施工监理的业务开展中，作为独立的第三方全面负责监理职责范围内监理业务的开展。

2.完善管理制度及工作流程，做到责、权清晰

及时出台细化一体化服务模式下的项目管理制度及流程体系文件，如：编制出台《××金融大厦监理工作管理制度》和《××金融大厦项目管理实施规划之监理工作管理体系文件》。在工程监理合同签约前上报业主方审核通过后执行。

3.完善风险防控措施，建立风险隔离墙，追求扁平高效管理

一是完善项目经理责任制。项目管理部的项目经理要与所在企业签订项目管理责任书。二是项目管理部和工程监理部的各部门独立设置，不允许出现人员在本项目两部门中兼职的现象，也不允许两个部门之间代为完成各自应负责的工作。三是对监理工作绩效考评、监理奖罚或对监理不合格人员的更换等方面，如果有不符合本项目的人员，项目管理部亦有责任主动向业主提出更换。与业主补充签订项目管理绩效监督考评补充文件，并作为合同附件执行，确保业主方对项目管理工作和监理工作的监督、检查、处分权益，最大限度地维护业主利益。四是明确两个团队的层级。就两团队而言，明确一个是管理层，一个是执行层，各司其职。发挥一体化的优势，允许并鼓励进行各种形式的沟通，以提高工作效率和领会业主方管理层意图，但应该在决策后的执行层面进行沟通，对涉及业主利益的事宜，不得以自己工作便利为目的或为其他有利益关系单位提供便利等为目的达成某种默契，而致业主利益受损，当业主发现此类情况后除对当事人进行更换及处罚外，当事人所在公司需要承担连带责任。五是对于监理团队的失职行为，项目团队要承担连带责任。由于是一体化服务，因而承担的责任也对等，业务工作（如质量控制、安全监理管理、成本管理等）出现失误影响业主利益时，除非有证据表明是偶发或个人因素所为，项目管理部承担相应的一体化服务的管理责任。六是持续进行执业能力和职责道德的教育与考核，确保所有进驻项目的公司员工都能树立以业主项目利益为重的工作理念，科学、公正、廉洁、高效地执业。

结语

本项目实施项目管理和监理一体化服务模式是建立在本企业已有管理经验的基础之上，得益于业主的认可和信任，以及总公司与集团顾问专家的技术支持，在多个方面进行了探索与实践，相信随着建筑业转型发展，无论是项目管理、项目管理和监理一体化还是全过程咨询都将作为监理单位未来发展的重要方向，从现在着手总结经验、设立企业的相关标准，从市场层面激发业主需求，全面推动本行业的进一步发展势在必行。

精心服务　认真履约　多元管理　颗粒归仓

——谈项目监理管理体会

谢秀巧

北京建工京精大房工程建设监理公司

随着建筑监理行业对监理改革的深入，对承揽的监理合同履约、对监理费进行回收已经成为监理企业生存的重中之重，也是监理企业规避风险的最佳手段。笔者在天津于家堡金融区起步区03-26地块项目监理沟通中受益良多，愿将感受和经验与各位同仁分享，更愿与同仁们探讨更优化的方法和手段，将项目监理做得更好，使企业抵御风险的能力更强。

一、工程概况

本工程位于天津市滨海新区于家堡金融区起步区内，总建设面积183612m²，是集商业建筑与城市地铁为一体的超高层、深基础、高难度、高风险建筑。

二、项目监理精细化管理

（一）监理精细化 预控是关键

为了确保工程质量，提高监理工作地位，项目监理部进场后加强事前控制监理管理，在监理交底、图纸设计交底、方案审查、资质审查、材料进场检查等方面加强掌控；过程中对测量、工序质量、施工安全、资料审查、旁站监理、工序隐蔽前检查、过程验收等加强监理管理；加强事后控制，严把验收关；针对项目监理部人员素质参差不齐的状况，采用内部培训的方式，对图纸掌握、资质审查、方案审查、厂家监造监理内容和资料管理方法、考察内容及报告要求、监理指令内容及必备要素、工序监理程序和标准、验收程序和标准、各工序施工巡视检查内容及标准、旁站监理内容和记录填写方法、监理日记内容、检验批签认应检查内容及意见规范化、过程验收及分部验收内容和标准、监理资料编制存档管理精细化等，进行了监理部内部补强。

在监理实施过程中，监理部对可能会发生的问题均采用提前给总包单位预警的方式，发出工作联系单，避免了很多可能出现的复杂问题，使得监理管理简单而顺畅，消除了总包及各分包单位的逆反心理，使得项目各参建单位都在良好的工作氛围内完成各项工作。同时监理部书面指令均抄送给建设单位与项目管理公司，这样不仅是对建设单位和项目管理公司的尊重，也让他们感觉到监理工作的精细化，有方向性地协助监理工作，又是对施工单位的一个警示，督促他们理性地做好每一件事。

（二）过程监理控制精准化

在实施监理管理时，总监要站在全局角度，观察每个工序质量安全的监理控制关键点，把握最佳时机发现问题，根据问题的严重程度准确发出相应监理指令，真正成为建设单位和项目管理公司可依赖的、不可或缺的好助手。

例如，在爬模施工方案专家论证会上，项目监理部准确地提出连专家都没有考虑到的问题：两爬模导轨当高度提升一层错差时的安全防护问题，爬模体系上部作业面安全防护高度不符合安全规范规定，爬模爬升分片之间的安全防护规范中未叙述，承载螺栓、支承杆、导轨主要受力部件按施工、爬升、停工三种工况的强度、刚度及稳定性计算不足等问题，受到专家们的频频称赞，并在专家论证会上一一进行了解决，为爬模使用的质量和安全增加了一道安全保险加密锁。

再如，在钢结构现场安装焊接过程中，现场监理工程师严格对现场焊接条件和质量进行检查，旁站监理焊缝探伤试验全过程，发现探伤不合格点，立即标注标记，要求施工单位刨开后重新焊接，避免了钢结构焊接隐患，在钢结构第三方检测钢构件探伤检测时，合格率达到了100%，为钢结构，结构受力和传导清除了隐患，确保了工程质量目标的实现。

因此，项目监理部不仅要对工程每个细节严格监理，还要及时发现可能出现或已经存在的隐患，按照设计及相关规范要求，有依据、有痕迹地做好监理工作，既要用辛勤的工作和洞察优劣的能力对工程进行把控，还要学会及时保留监理把控痕迹、相关监理指令、整改后结果等相关信息，从而降低监理风险，同时使建设单位支付监理费更舒心。这就要求项目监理部总监必须有丰富的监理经验和高度的工程敏感度。

三、丰富的专业知识和经验是开展监理工作的基础

工程专业知识和经验随知识更新而更新，新工艺、新材料、新技术、新设备变革，工程专业知识和经验也在不断地发生变化。这就要求项目监理部组织所有项目监理人员不断学习充电，适应社会知识更新步伐。

项目监理部专业技术能力过硬，对施工单位进行监理管理时会让他们心服口服，反之则相反；同时，建设单位也会由满意到佩服到尊敬，反之则相反。如果项目监理部掌握好技术能力的尺度，监理工作事半功倍。

例如，在于家堡03-26地块，建设单位总经理及工程部长组织的群塔作业协调会上，9+3个地块施工单位都结合各自工程情况对本地块塔吊数量、位置，对相邻地块塔吊的要求分别作出陈述。03-26地块总包单位项目总工也针对本地块塔吊情况作出了陈述，但建设单位综合平衡后决定03-26地块1号截臂、2号塔和3号塔由于直接与工程底板相连拆除重新打基础安装，4号塔对相邻地块影响较大予以取消。最后建设单位询问监理单位是否有意见和补充时，03-26地块总监发表了监理意见：03-26地块正在赶工期间，塔吊的

使用及运输效能直接影响工程进度、质量和安全，有两点意见请建设单位考虑平衡：

（一）1号塔吊作用是满足03-26地块群楼作业，同时还进行B2线、B3线及换乘车站施工的水平和垂直运输工作，只有当03-22地块主楼施工达到安全距离或超过1号塔吊旋转高度时才会影响群塔作业安全，而且03-22地块主楼现在有变更，正在待图期间，是否将1号塔推迟截臂，为03-26地块争取更多作业时间和资源。

（二）2号塔和3号塔在塔吊基础施工前，监理部已要求总包单位通过设计单位针对其塔吊的荷载和运行指标等内容对塔吊基础位置进行了补强和加固，设计单位已经出具了正式有效的变更手续，因此，这两台塔吊不会影响工程结构质量和安全。

最后，建设单位采纳了监理意见，决定03-26地块1号塔吊待03-22地块到达安全临界点时通知03-26地块1号塔吊截臂，2号塔和3号塔可以正常使用，4号塔取消。

因此，笔者认为监理的地位和受到的尊重是用施工过程中点滴心血凝结而来的，要时刻把握好每个节点才会成功。

四、高度的敏感度是有力的监理手段

（一）工程敏感度的概念

工程敏感度是对工程问题的分析理解能力和对工程事件的看法与判断能力，是对工程施工过程中细微差异变化的把握和捕捉能力与洞察力。

（二）工程敏感度提高的效果

工程监理管理是施工过程动态管

理，虽然有法律、法规作引领，有国家规范、地方规程以及设计施工图纸作依据，但由于施工队伍的能力、水平不同，监理管理深度不同、建设单位对工程总控不同，其效果和方法也不尽相同。

当上述内容各项最不利组合时，会形成重大隐患和风险。由于现在监理单位通常为施工阶段监理，因此，出现施工过程的质量、安全问题，很难全身而退。为了规避监理风险，要求项目监理部在隐患还未形成或危害未呈现时第一时间发现并解决，从而确保项目重大安全质量事故监理责任为零、项目在市信用信息平台不良记录为零的安全质量管理目标和风险控制指标的实现。

例如，03-26地块主塔楼外框钢结构柱返锈，形成钢结构柱隐蔽前重新处理的案例。由于项目监理部的精细化管理和高度敏感度，确保了工程质量，规避了监理风险。

1.03-26地块钢结构设计要求

钢构件防锈与涂装要求钢材表面经喷砂处理除锈等级应不低于Sa2.5级，除剪力墙中钢骨外其他钢构件均应涂防锈漆。

防腐底漆采用水性无机富锌类涂料，干漆膜厚度不小于80μm，并符合《铁路钢桥保护涂装及涂料供货技术条件》Q/CR 730—2019，用于钢结构工厂施工。

2.项目监理部驻厂和现场把控

钢结构厂家监造前，监理部针对本工程特点及钢构件设计和规范要求，编制了《关于钢结构构件出厂、进场监理质量要求》，下发给钢结构加工厂家，同时要求驻厂监理工程师检查厂家资质、加工能力、质量标准、材料进厂批量、材料见证取样、每道工序所使用产品质

量证明及二次送检报告、过程检查检验资料及照片等。每件钢构件均在监理部驻厂钢结构监理工程师的严格材料预控、过程检查、出厂验收的程序控制下出厂，确保了出厂钢结构构件的质量。

钢结构进入施工现场后，项目监理部组织项目管理公司、监理工程师、总包单位质量负责人、钢结构负责人共同现场检查验收，确保了钢构件尺寸、加工质量、涂层厚度符合设计要求及相关规范规定。同时，过程中对每个钢构件安装、焊接、检查、探伤检测、焊接接头除锈、涂刷水性无机富锌漆、检查验收等工作严格把关。

由于非监理原因，建设单位决定通过设计变更将主塔楼外框钢结构柱外包的砌体变为 L50 镀锌角钢龙骨、内置防火岩棉层、外包 1.5mm 厚镀锌钢板、外涂层氟碳喷涂。当建设单位决定及出具设计变更手续时，钢结构柱已处置了三四年，项目监理部几次在监理例会上提出警示，但由于诸多原因无法推进。

2014 年 11 月中旬，项目监理部通过其他渠道得知建设单位要追查 03-26 地块外框钢柱返锈原因及总包是否有过失等，监理部敏锐地启动了应急程序，

想办法让建设单位直接将此项查实工作由项目监理部督办，经过核实设计图纸、变更及原始资料，上报了《钢结构外框柱施工监理情况说明》，并附有原始的涂层质量合格证明、复试报告、驻厂检查相关记录、验收单等内容资料附件。后来，建设单位请设计到场后由设计建议召开专家论证会，专家论证会于 2014 年 12 月 3 日召开，由专家分析了原因，提出解决方案，由施工单位编制专项方案，专家审核签认后报项目监理部审批，再进行实施。

于家堡金融区起步区 03-26 地块，自 2010 年 9 月份开工后，总监带领项目团队认真研读监理委托合同，严格落实合同条款，设身处地地想建设单位所想，急建设单位所急。在于家堡金融区起步区参建的监理单位中脱颖而出，成为新金融起步区多次联合考评中优秀项目监理部，为京精大房监理公司在新金融起步区树立了良好的口碑。

在项目委托合同到期前，项目总监积极同建设单位业主代表以及合约部负责人沟通补充协议的签署问题，并对协议条款内容反复推敲，为公司争取利益最大化。于家堡金融区起步区 03-26 地

块先后签署了五次补充协议，补充协议六是以人员定位的开口合同，本文撰写时正在走流程确认。

在日常开展工作的过程中，密切关注建设单位的资金支付情况。根据监理委托合同的支付条款，密切关注支付条件的达成，在预见支付条件即将达成的情况下，及时同建设单位代表以及合约部进行接洽，争取早些发起支付申请程序以及考核程序。充分利用建设单位传统节日支付农民工工资的习惯，委婉提示建设单位支付监理服务费，截至目前签署监理合同及协议额累计达到 2081.55 万元（未计算补充协议六），已收回监理费 1818.13 万元，总收回约 87.345%，达到应收监理费 100%。确保监理服务费的及时足额回收，确保颗粒归仓。

结语

从上述事例说明，若项目监理部没有进行精细化管理，项目监理资料没有系统归档，驻厂和现场监理没有尽责，只要有上述一种情况发生，项目监理部都会有承担监理责任风险的可能性，同时也会对公司造成负面影响。

战略导向，创新驱动，推进监理企业高质量发展

上海建科工程咨询有限公司

上海建科工程咨询有限公司（下称"上海建科咨询公司"）作为国内工程咨询行业的领先企业，在三十多年的发展历程中，始终围绕公司愿景和战略方向，实施组织创新、技术创新和产品创新等创新举措，切实发挥人才资源的支撑作用，逐步构建起了自身管理创新的机制和方法，如图1所示。

一、战略导向：战略引领并驱动创新

企业的创新活动必须围绕企业愿景和战略开展，即必须有正确、适宜的企业愿景和战略来引领各项创新活动，否则创新就是"无头苍蝇"。

（一）公司发展愿景和战略定位

上海建科咨询公司追求"成为国内建设工程管理咨询行业领先企业"的发展愿景。"十三五"期间，公司战略定位是：以"为顾客创造价值"为中心，实施全国化、专业化、集团化发展举措，

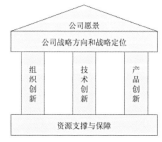

图1 公司管理创新"大厦"

全面提升系统服务能力和运营效率，成为基于数据的建设项目全寿命周期管理咨询的系统服务提供商。

（二）公司创新的目的和目标

管理学大师彼得·德鲁克把创新简要归结为向顾客提供更好更多的商品及服务。上海建科咨询公司的战略定位和创新目标也是如此。我们认为企业的创新要瞄准顾客的价值提升，聚焦核心竞争力打造，系统开展组织、技术、产品、人才等创新活动，为顾客提供高质量的管理咨询服务。

二、知行合一：创新实践与探索

（一）组织创新

正确的战略指引企业的方向，合适的组织能力使战略得到落地和执行。我们要根据内外部环境变化，适时调整组织结构，解放生产力，提高管理效率。

1. 组织变革，释放活力

围绕战略发展方向，根据"全国化、专业化、集团化"的战略部署，近两年，上海建科咨询公司着力实施组织架构优化工作，不断推进组织结构的扁平化，激发组织潜能，释放组织活力。

首先，围绕全国化发展，公司加快将现有条件成熟的区域分支机构转变为

直属管理的区域公司。今年公司新设立了广西公司、四川公司、河南公司、京津冀公司四大区域公司，均定位为公司直属的业务机构，独立自主地开展特定区域范围内的市场经营、项目生产与交付、职能管理。将责任和权力下沉，放到最了解客户、最贴近市场的一线，通过组织变革驱动区域市场拓展。

接下来，围绕集团化发展，我们将优化公司总部职能管理，增强公司总部对下属各业务单元的资源协同与共享服务职能；围绕专业化发展，我们将以产品为导向，以全过程为原则，探索和培育专业事业部，如文化医疗事业部、市政轨交事业部、机场交通事业部、商业建筑事业部等专业事业部，培养和提升公司专业领域内的全产业链服务能力。

2. 授权管理，绩效牵引

目前，上海建科咨询公司已经逐步搭建起集团化管控模式，三级组织管控机制运转高效、有序，层层授权管理。公司作为决策中心，定战略、定方向；事业部/区域公司和子公司作为利润中心和业务主体，定战术、抓执行；各项目部作为成本中心和实施主体，定预算、抓落实，如图2所示。

为了保障公司总体战略目标的实现，在授权管理的同时，公司建立了与组织创新相配套的绩效管理体系，采用平衡计

图2　公司三层次管控机制　　　　　　　　　　　　　　图3　公司绩效管理体系架构

分卡的指标体系，层层分解和落实战略目标，突出公司的关键绩效和目标导向，如图3所示。

（二）技术创新

监理企业的高质量发展，需要运用先进的技术手段解决综合性的复杂工程技术问题，运用科学的管理方法提高项目现场管理能力，从而提升监理工作成效，最大程度地为客户创造价值。

1. 精细化监理

通过数字化技术、模块化管理、信息化应用三大主要工具和方法，推进精细化监理，实现项目质量安全的有效管控。

一是通过数字化技术，改进监理工作手段，提高项目管理的深度。行业的技术创新，最广泛提及的就是BIM技术。我们从2008年在上海中心大厦首次接触并应用BIM开始，一直探索一条"核心业务BIM化"的实施道路。在项目前期运用BIM技术对设计方案进行优化和深化，将工程中的错、漏、碰、缺等问题消除在设计阶段；在施工过程中开展可视化施工指导与协同管理，实现工程投资、质量、安全、进度各方面的统筹管理，显著提升工程质量，有效降低项目成本、节约工期和提高管理效率。以上海世博会博物馆为例，作为上海首个全过程BIM试点项目，通过BIM进行碰撞检查、优化云厅幕墙板块分割、机电深化设计等，节约总工期3个月，获得经济效益约1100万元。此外，通过BIM技术还衍生出一些相关的

创新技术应用，比如基于VR技术的安全体验、设备及构件的二维码信息技术等。

二是通过模块化管理，提高监理工作系统性，促进监理工作规范化。"模块化"管理，即把复杂的结构体系都分解为基本的"模块化"单元的工作思路。在苏州工业园区体育馆项目建设过程中，我们就在钢结构专业采用了模块化进行现场管理。对体育馆的钢结构进行了类型划分，划分为若干模块，识别了标准的模块化管理过程，即：模块划分、工序识别、标准化管理等。在此基础上，已经逐渐形成了钢结构专业的模块化操作手册和技术标准，也有利于企业形成细分专业领域的经验数据。

三是通过信息化应用，提高监理工作效率，实现知识积累和共享。我们于2015年开始了企业信息化再造，制定并实施了信息化三年行动计划，目前基本建设完成。信息平台的监理业务系统将建设成为"总部管理＋一线人员工作＋知识积累"的协同平台。监理系统主要分三个阶段进行建设，包括项目服务启动阶段、项目服务过程阶段、项目服务完成阶段，来进行项目的全生命周期管理，包含项目的前期策划、项目过程管理、项目验收管理、项目后评估、项目文档归档等。同时，通过信息平台构建了公司的知识库体系，在项目执行过程中，将项目过程文档实施自动归集到公司的项目文档库，把每个项目上专家的个人经验，以信息

平台总结起来，为企业所用，实现专家能力的复制和企业知识的传承。

2. 专业化模式

专业化是公司"十三五"提出的重点战略举措之一，聚焦优势专业产品领域的能力建设，以既有专业技术和管理成果为基础，打造具有前瞻性、先进性的咨询服务体系和业务组织模式。公司已经在优势专业领域和重要技术方向建立了"专家工作室"和"专业委员会"，通过创新专业化组织模式，提升专业能力。

"专家工作室"致力于提升公司专业领域品牌效应与服务水平，打造专业骨干团队、总结专业项目成果、促进专业产品提升。目前，已在机场交通建筑、文化演艺建筑、市政轨交、超高层建筑、医疗建筑、体育场馆等六大领域成立了由公司品牌总监牵头的专家工作室。

"专业委员会"主要负责解决技术和风险问题，包括公司五级风险项目的管控、公司技术策划和技术支持、关键技术积累、行业前沿技术研讨及重大技术攻关和研究等工作。目前，专业委员会包括BIM与智慧建筑、工程管理与咨询、地下工程与隧道、结构工程与安全、装配式建筑与幕墙、机电安装与设备等六个专业组。

"专家工作室"和"专业委员会"相辅相成，共同提升企业的综合专业能力和项目现场控制能力，如图4所示。

（三）产品创新

在行业转型升级的大背景下，围绕

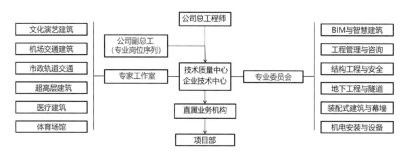

图4 公司专业化组织模式

产品创新，我们既要做好"质量安全管理"的工程监理服务，又要打造"业主专业智库"的全过程咨询服务能力。

1. 延伸咨询业务链，推进全过程工程咨询

围绕产品创新，在巩固优势工程监理业务的基础上，公司将服务范围向建设项目前期和后期延伸，打造建设项目全生命周期服务链。作为全国首批全过程工程咨询试点单位，围绕全过程工程咨询的服务理念，我们以既有专业技术和管理成果为基础，不断提升以项目运营为导向的全过程咨询服务能力，实现基于价值链的全过程协同增值咨询服务。自开展试点工作以来，公司新承接全过程工程咨询项目16个，合同额超过4.6亿元。依托试点项目，制定了公司全过程工程咨询作业指导文件，形成公司全过程工程咨询的服务模式、服务标准和管理体系标准。

2. 深耕客户价值链，不断丰富服务产品

围绕当前客户日益多元化的需求，依托公司项目经验积累和科研技术支持，创新第三方质量安全监管/巡查、工程质量安全风险管理机构（TIS）、企业信用评价（含合格商评定）、PPP项目管理咨询服务、专项技术咨询等服务产品。我们的客户类型也更加丰富，不局限于政府项目、房产开发商等，也拓展到了保险公司、承包商、物业公司等，比如我们近两年发展得比较好的TIS业务就

是一个典型代表。从2005年开始，公司就积极开展风险评估和风险管理研究，承担了风险管理相关课题30余项，参编专著2本，具有了建筑工程全生命周期的风险管理与咨询服务能力。2017年2月，上海市住房和城乡建设管理委员会公布了首批13家TIS机构名单，上海建科咨询公司名列其中。目前，公司已为100余个项目提供了质量潜在缺陷保险风险TIS查勘服务，年度新签合同额超过1000万元。

三、资源保障：人才是创新的基石

"功以才成、业由才广"，人才是工程咨询行业最核心的资源。随着技术难度的增加、项目规模和管理复杂程度的提升，行业对人才的需求也发生了重大变化。我们的工程师既要懂技术、又要会管理，才能积极主动地响应客户需求，及时提供让客户满意的产品和服务。

（一）人才结构优化

从2005年开始，公司开始大批引进硕士，现在也都成长为公司的核心骨干。从这个成功经验出发，我们在公司历次战略规划中都明确了公司引进优秀人才、优化人员结构的战略目标。"十三五"规划中，公司实施"人才双百计划"，每年引进100名应届高校毕业生和100名有工程管理经验的专业人

员，新增各类国家注册工程师200名；实施"千人转型计划"，引进和培养非监理类专业人员1000名。

此外，面对行业招聘难度大、流失率上升、行业吸引力下降的人力资源困境，为了吸引优秀的应届毕业生，公司对各业务部门引进双一流院校的应届硕士、博士毕业生给予一定金额的人才引进补贴，提高起薪，并给予一年的保障期薪酬，加大对关键人才的引进力度，保障公司可持续发展的活力。

（二）员工能力培养

公司通过项目、专家、科研和知识四大平台开展员工培训培养，并将"专业"和"管理"两条主线贯穿始终。

一是项目平台，作为人才培养最主要的平台，通过组织员工参加项目轮岗、导师带教、项目交流等多种形式切实提升员工业务实践能力；二是专家平台，借助专业委和专家工作室的专业组织模式，通过设立专业委/专家委助理岗位，鼓励员工参与公司标书制作和专项检查等，扩展青年骨干人才的专业能力；三是科研平台，鼓励员工技术创新，积极申报和参与内外部各类科研课题研究、参加学术论坛、发表学术论文等，拓展员工视野，提升员工专业技术水平；四是知识平台，通过信息平台的知识库建设，加强公司后台技术力量支撑，提升员工对现有管理、业务知识的认识深度与广度，提高员工工作效率。通过以上四个平台的共同发力，形成了全方位立体塑造复合型人才的培养模式。

战略导向，创新驱动，在工程监理企业的高质量发展之路上，意识是第一位的，实践是最佳解决方案，人才是核心资源保障。有想法、有行动，使命在心、重任在肩，找到适合自身的创新发展之路，实现企业的可持续发展。

创新管理，文化引领，做一个有温度的企业

浙江信安工程咨询有限公司

浙江信安工程咨询有限公司成立于1990年，是中国联合工程有限公司的全资企业。公司业务范围涉及建设工程监理、项目管理、全过程工程咨询等，专业领域覆盖房建、电力、机电安装、市政公用、冶炼工程等。所监理项目获得"鲁班奖"5项、国家优质工程银奖1项、全国建筑工程装饰奖1项、中国钢结构金奖2项、浙江省建设工程钱江杯奖（优质工程）等省部级奖30余项、杭州市"西湖杯奖"等地市级奖70余项。我们恪守"守法、诚信、公正、科学"的行业准则，依法经营，廉洁自律，尊重同行，公平竞争。规范有序的管理使公司在行业内享有良好的声誉，连年进入杭州市监理企业信用排名优秀企业名单，连续荣获浙江省工商企业信用AAA级守合同重信用单位称号。连续被评为全国机械工业先进工程监理企业和浙江省优秀监理企业。

一、明确战略，走适合自己的发展道路

近年来，公司明晰了发展战略：树立质量效益发展理念，千方百计打造和强化监理服务特色，促进监理服务升级；充分依托"中国联合"大平台雄厚资源实力，提升系统集成能力，积极开展全过程工程咨询业务；不断发挥品牌优势，巩固区域市场；着力增加信息化投入，促进技术进步，增强核心竞争力；以人为本，积极培训，补强短板，提升素质；积极开展精益管理，千方百计提高效率与效益，提升品质；加强党的全面领导，充分发挥工、团作用，建设有温度的和谐企业，实现持续、稳定、健康发展。

根据发展战略，坚持以提高发展质量和经济效益为中心；紧抓以市场为导向，为顾客创造价值和精益管理、降本增效两大基本点；坚定树立质量意识、安全意识和效益意识；着重建设人才工程、精品工程、信息工程和文化工程；实施欧米巴经营、强化目标管理、丰富教育培训，着力信息化建设、开展精益管理等五大举措。

二、创新管理，苦练内功，提升素质

树立精益管理理念，改进机制，创新手段，规范管理。

（一）强化目标管理，严格量化考核

目标是我们前进和成功的第一推动力。通过目标管理使员工参与管理过程，提高积极性。公司层面制定总体目标管理数字化计划，职能部门与生产部门再根据公司总目标，合理定位，制定本部门目标计划，目标可视，咬定目标不放松，全力以赴为目标成果而工作，做好过程检查、量化考核。

（二）推进欧米巴经营，严格成本核算，促进效益提高

总部以工程实施部、电力工程部、市政工程部、义乌公司、台州公司5个生产部门为基础，推行独立核算的考核机制。收入成本独立统计，利润、酬金独立核算。公司对干部考核，部门负责人根据公司制度对员工考核、分配酬金，更好地促进内部有序竞争。

（三）完善制度建设，树立规矩意识，规范员工行为

管理是植物，制度是土壤。只有完善的制度，才能确保企业步入科学化、规范化轨道。

1. 建立和完善规章制度。

制定完善了《考核分配办法》《员工考勤管理办法》《发票管理办法》《员工手册》《项目归档办法》《公司专家委员会管理办法》等。

2. 开展规章制度学习、培训、宣贯活动，组织全员进行考试，让大家铭记于心。

3. 认真执行，严格管理，规范运行。

三分战略，七分执行。拥有将战略、目标、制度、流程等落实到位的强大执

行力，是企业成功的必要条件。要使每个人知道自己该做什么、怎么做，更要知道自己不该做什么。对存在的违规行为，依规治理，绝不手软。同时，体现对员工根本利益的尊重和维护，该严则严，该帮则帮。

（四）强化责任意识，弘扬工匠精神，人人精益服务

监理工作任务繁、责任重、压力大，特别需要有高度的责任心。公司要求员工树立精益理念解决现有问题，扎扎实实精益求精做好本职工作。培养树立"信安工匠"，学习先进，引领员工成为精业勤业的好员工。

（五）注重业务建设，彰显技术特色

在市场竞争日趋激烈的时代，唯有技术创新、能力创优，才能步步领先、步步为赢。组织专家队伍，重点围绕监理和咨询业务，在不同行业投标书、监理规划、监理实施细则、作业文件等方面大力开展业务建设，切实提高针对性、有效性，努力形成自己的企业标准。特别是大力开展综合体、超高层、学校医院、重钢结构工业厂房、垃圾焚烧发电等工程的监理、项目管理研究，积累了许多宝贵经验，形成了技术服务特色。

（六）强化廉洁保障机制，认真遵守职业操守

廉洁从业，树立好口碑，从我做起。我们用制度、纪律规避监理人员吃拿卡要等问题，推动廉洁从业，不徇私情，认真履职，实现个人形象和企业价值的升级。公司每年与各部门负责人签订廉政建设责任书、与全体总监署廉洁从业责任书、与其他人员签署廉洁自律公约。公司党、政、纪各组织与项目部两级合力抓廉洁从业、预防职务犯罪教育防范工作，做好客户、项目干系人访谈，接受社会监督。

三、大力弘扬企业文化，建设和谐信安家园

企业文化是企业基业长青的坚强基石。"一年靠运气，十年靠经营，百年靠文化"。只有全面提升、创新发展企业文化，让企业文化落地企业土壤，根植员工心灵，企业文化才能真正转化为增强企业发展的软实力。我们崇尚以人为本——"仁者爱人"的儒家思想，以"家"的理念构建和谐企业。

"信安是我家，兴旺靠大家"。信安是全体员工的"大家庭"，它与每个人的"小家"唇齿相连，休戚与共。"大家"活则"小家"活、"大家"兴则"小家"兴。领导与员工之间，员工与员工之间，都应彼此尊重，彼此信任，建立一种团结、友爱、互助的良好关系。通过不懈努力，形成和积淀了独特的信安文化。

企业愿景：致力于成为业主信赖、安心托付的一流工程管理公司

企业使命：让工程管理更专业，让员工生活更幸福。

核心价值观：公正，专业，责任，合作。

企业精神：求真，务实，自强，创新。

经营理念：为顾客创造价值，为员工创造机遇。

管理方针：守法诚信，规范管理，超越期望，追求卓越，生态和谐，节能降耗，绿色清洁，创新发展，安全第一，预防为主，以人为本，综合治理。

创新是企业文化建设的灵魂，富有成效的文化创新是推动企业生产经营、管理服务和提高核心竞争力的关键。我们从鼓励创新、崇尚学习、激励人才、关爱沟通、党建引领等五个方面探讨文化创新对企业发展的积极作用，取得良好效应。

（一）鼓励创新的文化——增强品牌提升的驱动力

创新是企业发展的第一动力。公司高度重视技术与管理创新。定期召开业务创新、管理创新研讨推进会，集思广益确立创新课题，对各类业务建设与管理创新成果进行奖励。发挥创新对提高服务技术水平、促进业务结构调整的引领作用。

（二）崇尚学习的文化——激发解放思想的鲜活力

学习文化的浓郁程度决定了企业干部员工所持有的眼界、达升的境界以及发展的边界。构建知识管理体系，倡导知识积累与分享文化。以"建设优秀学习型企业""创建学习型项目部"为目标，以领导带头、教育培训和考察学习为切入点，深入开展"创建学习型企业，争做知识型员工"活动，培养专注工作、负起责任、拥有自信、精业勤业的"专家型知识型员工"。根据员工短板和业务结构调整的需要，制定员工发展和培训计划。建立专门的培训师队伍。持续开展岗位培训、询标培训、继续教育培训、新员工入职培训、干部能力培训、青年技术骨干培训，提高综合知识能力，培养复合型人才；大力开展项目管理培训；有选择地开展高层次人才学历教育培养；鼓励员工参加有效的执业资格考试；不定期邀请知名学者教授来公司授课；每季一次项目负责人质量安全教育会。使培训工作常态化、制度化、规范化，稳扎稳打，久久为功。

开展"总经理推荐读好书"活动。

先后推荐了《从优秀走向卓越》《工程项目管理理论与实务》《全过程工程咨询实践指南》《阿米巴经营》《全员精益化管理》等优秀书目，并通过读书心得交流会方式，把读书学习由"软任务"变成"硬约束"、由"单个学"变成"集体学"，学以立德、学以增智、学以致用，助推了"让书籍丰富人生，以书香融合企业"学习氛围的形成。

（三）激励人才的文化——凝聚团队协作的战斗力

人才是第一资源，发展是第一要务。加快企业转型升级，必须围绕发展抓人才，抓好人才促发展。在公司改革发展过程中，逐渐形成了"发展为了员工，发展依靠员工，发展成果由员工共享"的发展理念。

关注员工发展成长，合力追求幸福梦想。为员工做好职业发展规划，设置合理的晋级通道，用好人才，使其迸发潜能，创造更多绩效。设立以"效益贡献奖""特别贡献奖""信安之星""青年文明号""党员先锋号""工人先锋号"等为载体的荣誉体系，通过在信安盛典颁奖的仪式感和编制年度荣誉手册等独特形式，激发员工荣誉感、自豪感和责任感。建立了干部队伍的述职述廉、引咎辞职、末位淘汰机制和员工年度考核机制，增强了职业风险意识、竞争意识和危机感。努力用事业留人，将好机会、关键岗位、重要的职责留给具有能力及绩效优良的人。通过优质项目的承接，为骨干提供独立主持项目的机会和才能发挥的舞台。为优秀青年人才提供毛遂自荐、竞聘上岗参与公司管理的机会。将催人奋进的激励机制注入企业文化中，进一步凝聚了团队战斗力。

（四）关爱沟通的文化——培育和谐企业的向心力

"己所欲，施于人"，"与天下齐利"。营造分享环境，传递温暖快乐。严格绩效考核、岗位晋升和工资晋级，让好好干活、为企业真正做出贡献的员工享受发展成果。公司尽力为员工做好评职称、转正、晋级、年金等涉及切身利益的事情。制定实施了《职工带薪年休假管理办法》《员工定期体检管理暂行办法》。建立并完善新春团拜、春节慰问、重阳敬老、新婚祝福、生日祝福、工会"五必访"、困难帮扶、员工体检、心理援助等人文关怀制度。不断提高职工预发薪酬及"五险一金"缴纳基数和比例。组织高温慰问，发放防暑降温用品。为每一位员工办理人身意外保险，为骨干办理家庭综合保险、补充住院保险、住院津贴保险，帮助申请廉租房、经济适用房，提供青年员工购房贷款补助等。建立内部沟通的长效机制，定期召开工作月会、季会、年会、经营技术质量安全专题会、总监座谈会、"五四"青年座谈会和专题考察交流等。建立公司的QQ群、微信群，及时沟通交流，广泛倾听员工心声，有效增强向心力。这种包容的关爱沟通文化使企业呈现出一种大家庭的和谐氛围。

（五）以党建为引领，构建温暖信安

信安党支部严格按照上级党委要求，结合实际，认真推动党建工作。持续发挥党的领导核心和政治核心作用，切实将理想信念建设作为根本、将党性教育作为核心、将道德建设作为基础，采取专题党课、理论辅导、主题实践、组织生活会，参建项目联合党支部、党员先锋岗、党员"1+N"联系群众谈话和"学习强国"平台学习等活动方式，进一步教育广大党员不忘初心，牢记使命，发挥好先锋模范作用，关注员工思想动态，带领群众做好生产，很好地彰显了党支部政治核心作用。同时，有效发挥工会桥梁纽带作用，依靠团支部助手作用，开展丰富多彩的文化体育活动，不断满足员工日益增长的精神需求，提升生活品位，让大家更快乐地工作。

公司能给员工的财富虽然有限，但温暖可以无限。通过这一系列活动，营造了一种信任、快乐的内部环境，让大家有更多获得感、幸福感，人人为旺"信安之家"、立"信安之魂"、聚"信安之力"添砖加瓦，携手共建"诚信友爱、充满活力、和谐相处"的信安家园。

智能安全监测在工程项目管理中的应用

湖南楚嘉工程咨询有限公司

湖南湘银河传感科技有限公司

在工程项目建设过程中发生安全事故，既有偶然性原因，也有必然性和规律性原因。导致偶然性事故的因素很多，预防和杜绝偶然性安全事故发生的手段主要靠加强监管，如安全制度、安全教育、提高安全自觉性和保护意识、应对意外情况和突发事件措施等。必然性、规律性的安全事故多为系统性的，预防和杜绝主要靠技术手段。事故包括设计出现差错、违反规程规范施工、建筑机械带病工作、支护强度不够、基础塌陷，以及地质、气候等条件发生变化产生的沉降、位移、倾斜等。

规律性安全事故的发生具有演变性，从呈现事故苗头到演变成事故，通常都有一个发展过程。预防和杜绝规律性安全事故，可以通过现代科技手段监控其演变过程，找出其演变规律，从而发出预警，采取措施杜绝安全事故的发生。这是公司一直秉持的信念和初心。

10多年来，公司团队一直潜心利用智能安全监测技术对规律性安全事故的发生发展及预控进行研究，并在工程建设项目管理的事前阶段、事中阶段和事后阶段进行推广和应用。

首先是研究过去已发生事故的类型、起因、过程，归纳总结其演变规律，并通过模拟实验确定拟建项目的安全事故的环境补偿参数、临界值（预警值），采用数理方法使演变过程变得直观可视；其次在项目管理中期，借助国防科技大学银河计算机公司的计算机技术，研发事故演变信号采集、传输、识读、预警及远程监控的智能硬件设备和监控软件平台，对项目建设进行实时监控、预警。

历经十余年的研究以及大量的工程实践，逐步形成了一个比较完整的智能安全监测预警系统。在此，笔者向大家介绍智能安全监测技术在工程项目管理中的应用和体验。

一、智能安全监测概述

（一）智能安全监测的原理

如图1所示，其原理是通过安装智能传感器采集数据—按设定的时间将采集的信号发送至数据处理器（通常一小时一次）—数据处理器将收集到的信号转变为可读数据—无线发送至监测平台，通过数学模型形成曲线—曲线峰值达到预警值则自动发送到手机。

（二）仪器设备

公司研发的智能安全监测仪器设备以力学传感器为主，按功能区分，传感器分为6大类28种。

1. 位移类传感器：静力水准仪、冻胀计、边坡位移计、顶针位移计、柔性位移计、多点位移计。

2. 沉降类传感器：单点沉降计、多层沉降计、裂纹计。

3. 应力应变传感器：埋入式混凝土应变计、锚索计、索力动测计、钢筋计、

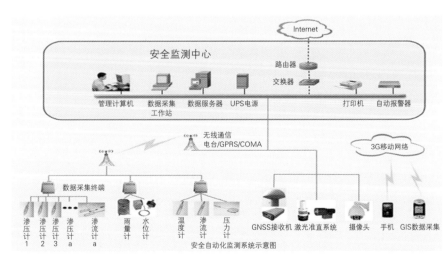

图1 智能安全监测原理示意图

荷载计、表面应变计。

4. 倾斜、倾角传感器：固定式测斜仪（倾角仪）、滑轮式固定测斜仪、剖面沉降计。

5. 压力类传感器：渗压计、空隙水压计、土压力盒。

6. 其他类传感器：雨量计、温湿度传感器、浊度传感器、噪声传感器、风速传感器。

（三）远程监控平台

监控平台即智能安全监测的操作系统，可被业主及建设行政主管部门独立使用，也可作为安全监测子平台接入管理部门平台。平台可调取辖区内所有项目仪器设备运行状况、安全信息数据，也可直接对项目下达指令。

（四）适用范围

以监测阶段区分，所有28种传感器即可适用于各类项目施工过程安全监测，也可适用于项目运营期间的健康监测。

从行业区分，房屋建筑工程（包括脚手架、高支模、塔吊、提升机等设施设备）、市政工程、水利工程、交通工程及矿山工程等均可适用。

二、推广应用情况

一项新技术总是需要在实践中不断完善，该技术能够一直保持领先水准，得益于不断地投入和大量的项目验证。在历时十余年的研发和应用过程中，所承

接的安全监测项目累计达400多个，其中项目施工过程安全监测约占60%，项目运营期间监控监测约占40%，目前已经覆盖全国各省、直辖市。

（一）整体情况

项目包括高铁约2680km，高速公路约900km；桥梁7座、隧道7座、地铁8条、水利工程12个，其他工程约40个，总投资超过3500亿元。

累计安全隐患预警次数468次（其中本公司平台接入业主管理平台的项目占40%左右，其数据由业主掌握，不在此次统计范围之内），能够统计到的严重安全隐患61次（表1）。

由于预警及时，安全隐患均得以在发展成为安全事故之前排除，所有监测

典型案例简介 表1

序号	项目特点	项目名称	监测阶段	监测内容	一级预警情况说明
1	世界上运营速度最快，里程最长，技术标准最高的高速客运专线	武广高速铁路路基监测	施工期监测	高铁路基沉降及位移监测	一级预警5次，施工方及时整改，达到验收标准
2	中俄原油第一条输送管线	中俄原油管线隧道监测	施工期监测	管道变形收敛监测	施工期间原油管道内部变形超警戒值2次
3	在高纬度地区修建的世界第一条高速公路，也是全国跨越永久岛状冻土层最多的高速公路	漠北高速公路路基监测	施工期监测	公路路基冻胀及冻深地温监测	路基冻胀量变化超预警值2次
4	复杂地形地貌条件和地质环境，存在着地质灾害隐患最多边坡	重庆三峡边坡监测	运营期监测	边坡地表位移监测	边坡地表位移监测超预警值5次
5	亚洲最高户外钢结构电梯	张家界百龙天梯监测	运营期监测	电梯倾斜监测，沉降位移和应力监测	电梯应力监测超预警值1次
6	世界上一次性建成通车里程最长的高速铁路，共1776km	兰新高铁玉门段、柳园段路基沉降监测	运营期监测	铁路路基沉降监测	铁路路基沉降超预警值2次
7	西藏首条电气化铁路	拉林铁路路基及挡墙监测	施工期监测	路基沉降及边坡挡墙位移监测	铁路路基沉降监测超预警值2次
8	国家"九五"重点项目，安徽省"861"工程项目，国内井下开采最深的有色矿山	安徽铜陵冬瓜山铜矿地压监测	运营期监测	矿井内部位移及地压监测	矿井内部拱顶位移监测超预警值2次，侧向地压监测超预警值1次
9	南水北调工程招远段具有跨度最大、高度最高、难度最大的界河渡槽	山东招远南水北调水渠冻胀地温监测	运营期监测	水渠冻胀及地温监测	水渠冻胀量监测超警戒值2次
10	全区有地质灾害隐患点85处，汛期多发生台风、暴雨等气象灾害以及山体滑坡、崩塌、泥石流、水库溃坝等次生地质灾害	青岛崂山景区边坡监测	施工期监测	边坡地表位移及深支水平位移监测	边坡施工期地表位移及深层水平位移监测超警戒值3次
11	青藏铁路，是通往西藏腹地的第一条铁路，也是世界上海拔最高、线路最长的高原铁路，因而被誉为"世界高原第一路"，分两期建成	青藏铁路冻土及地温监测	运营期监测	路基冻土地温及含水量	路基冻土温度及含水量监测超警戒值1次

项目至今无一起安全事故发生。

（二）能够应对特殊和极端环境

在所监测的项目中，超低温区域、复杂的环境条件、运行最快的高铁等，都取得了业主满意的监控效果，得到了业主的高度认同。

（三）引入全过程咨询项目，引起了业界的浓厚兴趣

如图2所示，公司以智能安全监测为主，配合其他智能技术应用于全过程咨询项目（湖南省茶陵县芙蓉学校），对现场的安全状况进行了有效的预控，得到了业主、施工单位及主管部门的高度评价，认为采用新技术手段，更能够体现全过程咨询的优势，大家都预测，到了项目运维阶段，在保障学校师生安全、延长项目使用寿命、降低维护成本方面，智能安全监测发挥的作用将更加明显。

三、案例分析

这里将湖南益阳滨江路隧道工程施工安全监测作为案例，介绍智能安全监测的实操过程。

项目基本情况：

2017年7月公司联合中科院武汉岩石力学研究所对隧道进行施工期监测。隧道属于浅埋大跨市政山岭隧道类型，总长度为245m，其中暗挖段105m，隧道上方是益阳会龙山水厂，该水厂是益阳市城区的主要供水厂。

因项目安全监测数据量较大，这里节选两个点位的监测实例，探讨智能监测的作用。

1. 水厂原地下管网沉降预警及分析

分析1：2017年12月15—21日期间，1号管线沉降数据1号监测点和管线轴向位移监测点的数据增加很快，超

出正常数据变化速率，达到控制值和预警值（3mm/d）。其中12月21日管线沉降量高达9.16mm，远远超过控制值。管线轴向位移数据虽有波动，但是未超过该监测数据控制值。说明水厂1号管线在不断沉降，且沉降量还在持续增加，管线存在安全隐患。

分析2：2017年12月12—21日期间，隧道西侧入口水厂1号管线固定墩3号裂缝和4号裂缝的数据变化较明显。其中12月18—21日的单日增幅较大，均超过该监测项目单日数据变化控制值（3mm/d）。1号裂缝和2号裂缝的

监测数据波动较大，但未超过该监测数据变化控制值。说明隧道西侧入口水厂1号管线固定墩3号裂缝和4号坡发生位移，且位移量还在持续增加，存在随时滑坡的风险，故发此预警裂缝附近的边报告。

2. 2号土体深部位移预警及分析

分析1：水厂平台2号土体深孔水平位移自动化监测数据表明，2号土体深孔水平位移变化速率较大，且累计水平位移量已达到预警值（30mm），水平位移变化速率已超过控制值并达到预警值，且水平位移变化量还在持续增加，

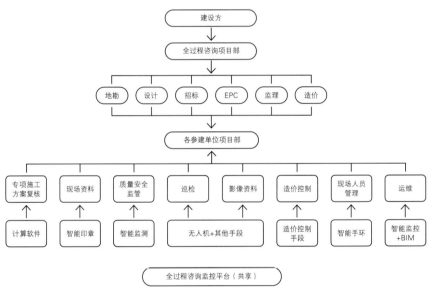

图2　全过程咨询智能监控平台示意图

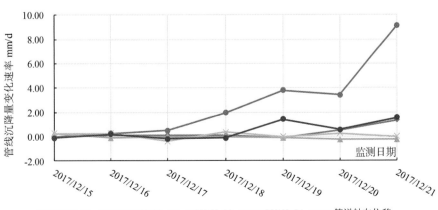

图3　水厂1号地下管线沉降速率曲线

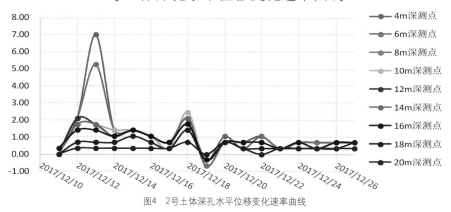

2号土体深孔水平位移变化速率曲线

图4　2号土体深孔水平位移变化速率曲线

说明2号土体深孔深层土体在发生水平位移。

分析2：从隧道东侧内部临时拱架支撑侧裂缝可知，隧道内掌子面开挖时爆破振动较大，使临时支撑产生竖向裂缝。

分析3：近3天隧道水厂平台2号土体深孔水平位移变化速率未超过设计控制值（3mm/d），隧道东侧第一分部掌子面里程已经超过水厂平台2号土体深孔里程。综上分析，预警等级为"普通预警"。

四、智能安全监测的优势

常规检测存在的一些弊端，如不能全天候检测、存在操作误差、不能实时提供数据、数据量小等。这些问题通过智能安全监测得到了较好的解决。具体体现在如下几个方面：

（一）数据误差小，精确度高

通过智能传感器采集数据，可以消除通常的随机误差、系统误差及粗大误差三类误差中的随机误差和粗大误差，系统误差也排除了其他因素，只有受温度变化对仪器精度造成的影响，这一影响也通过系统进行了温度误

差修正；目前，设计规范对位移、沉降、裂缝、收敛、安全隐患阈值的单位都以mm为单位，高精度传感器的误差在进行温度修正之后，误差控制在0.2~0.5mm之间，比照人工实测，差别相当于1~2个数量级。渗压、水位、锚杆应力安全隐患阈值的单位都以kPa为单位，高精度传感器的误差在进行温度修正之后，误差控制在0.3~0.6kPa之间，比照人工实测，差别相当于1~2个数量级。

（二）数据量大且连续性强，具实时性

人工观测（检测）主要解决当时的状况。一般情况下，人工观测（检测）一天一次已是上限（施工周期约13个月×30天=390次数据），一周二次或一次属于正常频率，并且受气候、环境的影响。智能监测数据采集可根据需要确定采集频率，本项目是1小时1次（施工周期约13个月×每月30天×每天24次=9360次），数据量是人工观测（检测）的20~24倍。以本项目

为例（表2），自动化监测数据频率为每天监测24次，平均布点为150个左右（9360次×150个点位=1404000条监测数据）9千多次监测数据超过140万条；按人工观测（检测）计算，人工监测每天监测1次平均布点150个左右（390次×150个点位=58500条数据）。如图3、图4可知，隐患的发展在几个小时之间，因此监测数据连续性越强，安全隐患遗漏的可能性越小；智能安全监测可对安全隐患进行微观分析，准确判断其发展态势，可基本避免安全隐患被遗漏，也方便找出安全隐患的发展态势。

（三）不受气候环境的影响

人工观测（检测）免不了受气候条件的影响，不仅影响检测人员出行，还影响数据的准确性。智能监测能很好地解决雨雪天气等恶劣气候条件下实地数据采集的问题，同时，公司的仪器设备也解决了如何在超低温条件下正常工作的难题。

（四）解决了人员无法达到监测点的难题

如对山体、大坝、大体积混凝土内部结构，桥梁、隧道、地铁、旅游缆车、天梯、栈道等人员无法靠近或需要借助设备才能获取数据的场景，智能监测很好地解决了这方面的问题。

（五）远程传输、数据智能分析和预警

智能监测平台具有数据的远程传输、数据分析及智能预警的功能，可及时、准确且高效给出安全程度判断，不

人工监测与自动化监测对比表　　表2

监测方法	监测频率	监测次数	监测周期（月）	监测数据（条）	监测数据量倍数
人工监测	1次/天	390	13	58500	1
智能监测	24次/天	9360	13	1404000	24

会因为人工计算延误时间。

（六）适用范围广泛

在工程建设中所有"危大"分部分项工程都可应用。

五、社会经济效益测算

（一）因预控重大安全事故避免的直接经济损失

有关部门的评审结果：61 次一级预警如果全部变成安全事故，直接经济损失约为 10~30 亿元，407 个二、三、四级预警，按 30% 演变成安全事故，直接经济损失约为 30~80 亿元，这里取最小值，也达到 40 亿元。智能安全监测实际投入不足一亿元，产投比达到了惊人的 1：40。

（二）积累了大量原始数据

平台积累的数据已经超过 1 亿个，这些数据具有采集难度高、连续性强、误差小等特点，将为专业研究提供巨大的帮助。

（三）节省了大量的人力

智能监测的数据分析由平台功能模块数学模型完成，无需人工操作。所耗费的人力仅两方面，一是仪器安装调试，通常一个大型监测项目需要 2~3 人一周左右能够完成，小型项目 2~3 天。二是定期检查，更换被损坏、被盗的传感器（传感器成活率 95% 以上）。现场所需人力较人工检测节省 80% 左右。

安全监测预警次数统计表　　　　表3

序号	项目类型	四级预警（次）不太严重	三级预警（次）一般严重	二级预警（次）一般严重	一级预警（次）严重	累计
1	高速铁路监测	15	8	6	5	34
2	公路监测	12	14	4	4	34
3	桥梁监测	12	9	6	4	31
4	隧道监测	16	14	15	8	53
5	地铁监测	13	15	10	5	43
6	水利大坝监测	26	17	10	5	58
7	矿井监测	19	16	11	6	52
8	尾矿库监测	15	13	12	8	48
9	房建项目监测	20	15	13	7	55
10	地灾边坡监测	19	17	15	9	60
11	合计				61	468

监理企业发展新思路

——全过程工程咨询

张雪　梁红洲

岳阳长岭炼化方元建设监理咨询有限公司

引言

随着我国城镇化速度正逐步放缓、宏观经济增速换挡、经济结构转型升级，工程咨询市场已然进入中低速增长时期。加之 2018 年，国家已明确工程咨询领域将全面对外开放，国外咨询公司巨头的介入必将加剧国内工程咨询行业的竞争，而监理企业作为工程咨询市场的重要一员，也将面临严峻的挑战。在国家大力支持全面推进工程建设全过程咨询和工程总承包的政策下，本文结合监理行业发展现状和监理行业发展存在的问题，以及业主方多样化需求，探讨监理企业发展新模式。

一、监理行业的发展现状

1988 年，建设部制定印发了《关于开展建设监理试点工作的若干意见》，将监理正式纳入我国工程建设管理范围。

1995 年，《工程建设监理规定》（建监〔1995〕第 737 号）正式发布实施，我国工程建设行业从此开始实行强制性监理制度。自从实施监理制度以来，通过监理人员的有效监督和管理，对在建工程的质量、进度、成本的严格把控以及对合同、信息和安全环保的管理，使施工阶段各项工作都越来越规范化、标准化，对工程项目最终目标的实现发挥了至关重要的作用。经过三十多年的发展，监理企业越来越成熟，监理企业对施工阶段各方面工作的管理水平有了极大的提升，对施工过程中出现的各种问题的处理以及同各个工程参与方的沟通能力日渐加强。

从图 1 可以看出，2014—2018 年监理企业的数量一直处于上升阶段，特别是 2017—2018 年监理企业的数量增长较快，增长幅度较大。从这些数据我们可以分析出，近几年监理企业队伍仍在不断地发展壮大，越来越多的人才愿

意投身到监理事业当中。

从图 2 可以看出，2016—2018 年这 3 年，监理行业的营业收入突飞猛进，2017 年全年营业收入相比 2016 年增长了 21.74%，2018 年全年营业收入相比 2017 年增长更是达到了 31.47%。不难看出，监理企业发展势头依旧很猛，发展前景依然被很多人看好。

虽然监理企业数量仍然在不断增加，监理企业的人才队伍不断发展壮大，监理企业的全行业全年营业收入在不断攀升，但是关于取消监理的传言却越来越多。2019 年 1 月 11 日，河北雄安新区管理委员会发布《雄安新区工程建设项目招标投标管理办法（试行）》，第四十四条指出："结合建筑信息模型（BIM）、城市信息模型（CIM）等技术应用，逐步推行工程质量保险制度代替工程监理制度。"第二十三条指出："经过依法招标的全过程工程咨询服务的项目，可不再另行组织工程勘察、设计、

图1　2014—2018年监理企业数量增长情况统计

数据资料来源：国家统计局

图2　2014—2018年工程监理行业营业收入情况统计

数据资料来源：国家统计局

工程监理等单项咨询业务招标。"因雄安模式在我国的地位特殊，其改革也或将预示着未来的发展方向。若采用工程质量保险制度代替监理制度，或者采用全过程咨询时不需要委托监理，那么只承担单项监理工作的监理企业生存空间将被进一步缩小，必须采取相应的应对措施，才能抵抗经济发展和政策变化所带来的冲击。

随着建筑行业结构调整，改革深化，国家"放、管、服"政策的落实，传统的管理模式已经不符合时代发展的需要，业主越来越需要比较综合的、跨阶段的、一体化的咨询服务，特别是一些不具备工程建设专业知识或者人才力量不够的业主，更加迫切地需要工程项目全过程建设的咨询指导。但是，目前我们的咨询服务市场并不存在这种能够提供全过程咨询的咨询企业，监理企业更是不能单独承担全过程咨询业务。因此，监理企业应顺应国家政策和市场的调节，积极探寻企业发展新的出路，更好地为业主提供多样化、个性化的服务。

二、监理咨询企业的行业发展存在的问题

如上文所述，监理企业虽然发展势头较好，但是仍然不能满足目前市场的需求，下面就监理企业发展存在的问题作一下总结。

（一）工作职责狭窄

《建设工程监理规范》GB/T 50319—2013规定，我国的工程监理是根据业主方的委托，承担项目管理工作，并代表建设单位对承建单位的建设行为进行监控的专业化服务。该定义指出了我国工程监理的具体工作阶段就是项目

的建设阶段，具体工作就是对项目建设进行监控，由此我们可以看出，根据政府要求的监理企业的工作职责定位较为狭窄，只是在建设阶段提供专业化的监控服务。

现阶段，工程监理咨询只是承担起了施工阶段的各项管理工作，是相对于施工阶段比较专业化的管理。虽然在管理过程中会涉及同各个参与方协调沟通，但是延伸到项目前期决策阶段、勘察设计阶段、保修及后评价阶段的工作较少，因此监理行业的工作比较集中在施工阶段，这就造成咨询信息并不是连贯的，而是各个咨询公司比较碎片化的管理。

（二）监理行业人才流失严重，从业人员素质参差不齐

监理行业属于服务性行业，主要工作集中在智力劳动上，但是，建设单位往往并不重视监理在施工过程中所起到的作用，单纯追求报价最低的监理企业。这就导致监理企业在行业中的地位越来越低，监理人员的薪酬待遇也普遍偏低，引入高素质新型人才越来越困难。而且从事监理工作的人员一旦通过工程造价或者注册建造师等资格考试，有了更好的发展机会、更高的薪资待遇，也会从行业中流失出去。监理行业高素质人才引进较难，有能力的人员又极易从监理队伍中流失，使得监理行业门槛较低，从业人员素质参差不齐。

（三）监理企业发展方向定位不明确

工程监理制从开始推行至今一直存在着争议，社会各界对工程监理如何培育以及未来发展定位意见不统一。政府、监理企业以及市场各自作出自己的选择，导致各方的制度并未形成一个有机整体，监理行业的发展受制于各种因素的影响，最终背离了市场的需要，偏离了最初的

定位发展目标。

现如今，政府开始加快"放、管、服"的落实，监理行业也应抓住机会明确自己的未来规划，做好行业定位，争取为业主提供各种个性化的综合性的咨询服务。

三、全过程工程咨询的内涵和意义

（一）全过程工程咨询的内涵

住房和城乡建设部印发的《关于征求推进全过程工程咨询服务发展的指导意见（征求意见稿）和建设工程咨询服务合同示范文本（征求意见稿）意见的函》（建市监函〔2018〕9号，以下简称《函》）中，明确了对"全过程工程咨询"服务的定义：全过程工程咨询是对工程建设项目前期研究和决策以及工程项目实施和运行（或称运营）的全生命周期提供包含设计和规划在内的涉及组织、管理、经济和技术等各有关方面的工程咨询服务。全过程工程咨询服务可采用多种组织方式，为项目决策、实施和运营持续提供局部或整体解决方案。

从该定义中我们可以明确，"全过程工程咨询"是以工程项目的全生命周期为基础，为项目的各个阶段提供有关组织、管理、经济和技术等各方面的咨询服务，是一种整体化、系统化、集成化的知识和智慧的工程咨询服务。

全过程工程咨询根据项目的全生命周期可以分为以下六大阶段：

1. 项目前期、决策阶段咨询工作

项目前期策划、功能需求分析、经济指标计算分析、价值工程分析、投资方案和投资总额确定，项目建议书和可行性研究报告的编制、报批，办理方案

征询、项目报建、土地征用、规划许可有关手续等。

2. 规划及设计阶段咨询工作

制定工程设计质量、进度、经济等指标，组织工程设计大赛、工程设计方案的评审，组织工程勘察设计招标、签订勘察设计合同，组织设计单位优化设计方案、技术经济比选，组织工程初步设计、施工图设计报审工作、图纸会审等。

3. 施工前准备阶段咨询工作

审查施工单位上报的各种方案措施，设备材料采购等招标，组织工程项目施工企业及建筑材料、设备、构配件供应商签订合同等。

4. 施工阶段咨询工作

制定工程建设总目标，编制项目实施总体规划，制定工程用款计划，对施工过程中的质量、安全、进度、工程变更、合同等相关资料进行收集整理，控制工程总投资，管理、监督、协调、评估项目各参与方的工作。

5. 竣工验收阶段咨询工作

组织竣工验收、工程竣工结算和工程决算，组织移交竣工档案资料，办理竣工验收备案等相关手续，办理项目移交手续等。

6. 保修及后评价阶段咨询工作

投入使用、运营及工程保修期管理，组织整个项目后评价等。

这六大阶段是完成一个项目所必须经历的，既有每个阶段所特有的片面性、专业性，又有在整体角度的统一性。在全过程工程咨询中不可独立片面地只考虑一个阶段的工作，而是要从宏观上，站在工程项目全生命周期的角度看待每一个阶段，将每一个碎片化的工程咨询联系成为一个有机的整体，为工程项目

综合效益最大化提供服务。

（二）全过程工程咨询的意义

目前，我国工程咨询行业尚未形成一体化、全过程的项目管理服务，而是根据项目从投资立项到交付运营的全过程划分为各个相对独立的阶段，由此也产生了相对独立且专业化的勘察设计、造价、招标代理、监理、工程咨询等各种专业性的咨询公司。但是这些咨询公司只能在自己所熟悉的领域开展咨询活动，并不能提供整体的、全过程的咨询服务。

同济大学博士生导师丁士昭认为，全过程工程咨询是整体的集成，可改变工程咨询碎片化的状况；它改变了工程项目建设和运营的分离状况，充分发挥投资效益，实现项目全生命周期的增值。全过程工程咨询所带来的现实意义巨大，监理行业应紧跟时代步伐，迎合市场需求，抓住机遇，努力开辟新的发展路径。

1. 提高工程质量

全过程工程咨询将各个阶段的咨询工作有效衔接，通过各专业的互补可有效规避单一管理模式的缺陷和漏洞。通过各专业及时有效的沟通，对安全和质量重点、关键节点、重大危险源等进行预判，及时制定并采取安全质量防范措施，从而有效控制工程质量，实现项目的质量目标。

2. 降低投资成本

采用全过程工程咨询的项目业主对咨询工作只进行一次招标，可使其合同成本大大低于设计、造价、监理等参建单位多次发包的传统模式。工程咨询公司通过各个专业的联合，根据自己的专业技术知识、管理经验，严格控制工程项目全过程、全生命周期各个阶段的成本，包括设计阶段设计方案的选择、

施工阶段成本的控制，争取使项目结算价格在财政控制的价格总概算以内，确保实现项目的投资目标。

3. 缩短工期

采用全过程工程咨询的项目，业主的工作量大大减少，很多问题咨询公司可以根据自身的专业提供最优方案，降低了因没有经验的业主胡乱管理造成工期延后的可能性。全过程工程咨询过程中，工程的信息是统一的、连贯的，是一个有机的整体，降低了因信息不对称或者信息缺漏造成工期延后的可能性，保证进度目标实现。

4. 风险有效管控

五方终身责任制加大了建设单位的责任风险，而有经验有能力的工程咨询公司通过对项目全过程的咨询管理，承担起项目管理的主要责任，是建设单位工程质量得以保证的重要保障。全过程工程咨询企业通过科学的管控，也可极大地降低工程出现各种事故的风险。

四、监理行业服务模式转变、企业转型升级的措施

（一）监理企业组织结构与人员配备的优化

监理工作的特点之一为专业性，即聘用专业人员来进行建设工程的监督与管理。新的经济发展态势以及新的建筑市场环境下，当前市场更讲究高度集成化与一体化，该思想势必延伸至工程建设领域，而且该种模式更有利于建筑市场的规范化管理以及减轻业主招投标工作的工作量。在工程咨询项目招标时，组织结构清晰、业务覆盖面广、企业能力过硬的企业势必占据优势，业主单位通过一次招标就能完成投资咨询、设计

咨询、施工咨询等多项工作任务。因此，监理企业需要按照新形势下市场需求，对企业内部的组织分工、部门划分进行科学的设置，明确各部门、组织的管理职责，建立一个适应项目变化的、灵活的项目管理组织机构。

企业要发展，战略是关键，管理是基础，人才是核心。监理企业除了合理的组织结构外，更需要适合企业的创新性及专业性人才。我国的监理行业起步较晚，监理从业人员管理及经验方面的标准较少，不适应当前快速发展的市场环境，无法满足业主的新需求。人才是企业发展的核心要素，唯有充分发挥人的作用才会使企业的价值最大化。因此，在企业组织结构优化完成后，监理企业更应根据经济市场及建筑行业的新形势，采用人才引进、人才招聘、人才培养等多种方式来满足企业发展需求。监理企业应从自身的业务特点和企业规模出发，加强组织、管理、法律、经济及技术的理论知识培训，培养一批符合全过程工程咨询服务需求的具有项目前期研究、工程设计、工程施工和工程管理能力的综合人才和专业人才，为开展全过程工程咨询业务提供人才支撑，以适应监理公司的转型需要。

（二）监理企业全过程工程咨询管理体系的探索与建立

建设工程项目全过程咨询模式处于起步阶段，政府及市场各方面相关法规及管理制度尚未建立完善。在当前环境下，监理企业应发挥自身的主观能动作用，企业是市场的一部分，同时也兼有补充市场、完善市场的作用，要主动地开拓市场，引导业主方需求。

监理企业在进行全过程工程咨询管理体系建设的探索时，鼓励企业与国际著名的工程顾问公司开展多种形式的合作，通过合作与交流，拓展视野，提高业务水平，学习先进管理经验。同时，也应在学习的过程中探索、执行、检查、改进，逐渐形成符合我国国情、适应我国建筑市场、具备企业特色的全过程工程咨询管理服务体系。在与国际公司合作期间，提升企业在国际工程咨询服务行业的竞争力，扩大我国工程咨询企业在国际上的知名度，为企业积极参与国际竞争、开拓更广阔的市场铺筑道路。

监理企业要通过不断建立和完善自身的技术标准、管理标准、质量管理体系、职业健康安全和环境管理体系，通过工程咨询服务的实践经验，建立具有自身特色的全过程工程咨询服务管理体系及服务标准；应充分开发和利用包括BIM、大数据、物联网等在内的信息技术和信息资源，努力提高信息化管理与应用水平，为开展全过程工程咨询业务提供保障。

结语

建设工程领域开展全过程工程咨询模式已是大势所趋。本文通过对监理行业现场的分析，剖析目前监理行业发展所存在的问题，探讨开展全过程工程咨询模式以及监理企业应采取的相应措施。不过，我国全过程工程咨询行业起步晚，目前国内大多数监理企业仅能够提供造价咨询和施工监理等服务，能够承揽全过程工程咨询业务的企业少之又少。但随着我国多地区政府的全过程咨询试点工作的开展，该种发展模式已在全国遍地开花，相信随着时代的发展，通过企业不断的探索，各从业人员的不断努力，建设行业全过程咨询模式将在我国日趋完善并发展壮大。同时，全过程工程咨询模式必将走出国门，进军更为广阔的国际市场。

参考文献

[1] 高士辉.关于监理行业转型工程建设全过程工程咨询服务的策略研究[J].建筑技术开发，2019（14）：127-129.
[2] 曾朋芳.工程监理服务和全过程工程咨询服务发展方向[J].建筑技术开发，2019（11）：85-86.
[3] 丁士昭.全过程工程咨询概念和核心理念[J].建筑知识，2018（9）.
[4] 黄季伸，罗志红，胡冰凌.我国工程咨询行业40年回顾与展望[J].中国勘察设计，2018（12）：68-73.
[5] 卢晓涛，宋元涛.全过程工程咨询管理模式探讨[J].建设监理，2018，231（9）：70-72.

监理企业开展全过程工程咨询服务工作的实践与探索

李万林　王瑞波　王申

河南省育兴建设工程管理有限公司

摘　要： 本文通过介绍河南省育兴建设工程管理有限公司近年来开展全过程工程咨询服务的实践及前景分析，总结探讨监理企业开展建设工程全过程（或某阶段）工程咨询服务的经验，探索监理企业转型升级、业务模式拓展延伸、开展多样化差异化特色化咨询服务的发展思路。

关键词： 监理；全过程工程咨询；实践；探索

一、开展全过程工程咨询服务的实践

（一）玉树地震灾后重建项目的专业项目管理服务

自 2011 年 6 月起，河南省育兴建设工程管理有限公司（以下简称"公司"）主要技术骨干人员就参与了玉树地震灾后重建项目的专业项目管理服务工作。受建设单位委托管理的（州属）重点项目约 110 项，其中，房屋建筑工程总建筑面积约 53 万 m²，市政道路约 60km，财务决算总投资约 68 亿元，约占玉树灾后重建总投资的 20%。

玉树地震灾后重建项目的专业项目管理服务工作，主要涉及以下几个方面：

1. 工程建设项目前期手续办理；

2. 进度、质量与投资控制管理；

3. 部分工程建设项目的招标准备；

4. 工程建设项目的财务管理；

5. 组织工程竣工验收；

6. 工程结算与竣工财务决算；

7. 工程建设档案，财务档案建档、归档。

上述工作于 2015 年基本结束，并按相关程序通过了青海省有关职能部门的评审、审计。建设单位对工程建设项目管理服务期间表现出的专业水平与工作能力表示认可，对项目管理服务工作成果予以肯定。

（二）其他项目（非玉树地震灾后重建项目）的全过程工程咨询服务

截至目前，公司在其他项目开展的建设工程项目管理及全过程工程咨询服务已经完成的约 13 项，总投资约 20 亿元，均按基本建设管理的相关规定，程序、规范地完成了项目管理或全过程工程咨询服务的相关工作；正在实施的项目有 10 余项，总投资 20 多亿元，其中一半项目进入后期财务审计阶段，其余均在前期和施工阶段，均按基本建设管理的相关规定有序推进。

二、总结探讨监理企业开展全过程（或某阶段）工程咨询服务的经验

（一）对全过程工程咨询服务工作定位的几点体会

1. 全过程工程咨询服务单位的引进，不改变法定工程五方责任主体之间的任何关系和规定的管理程序。

2. 全过程工程咨询服务单位以项目建设管理规定的程序和法律、法规为工作依据，把代表建设单位全面、规范地完成业主方全部项目建设管理专业工作为工作职责。

3. 全过程工程咨询单位根据建设单位的专业管理需要，向建设单位提供项目建设"自始至终"或局部过程的专业管理服务，以建设单位利益最大化为工作目标。

4. 全过程工程咨询服务单位只从专业方面向建设单位提出专业意见建议，并对提出的专业意见向建设单位负责，不参与建设单位的任何决策。

（二）全过程工程咨询服务工作的经验总结

1. 高质量的专业服务工作，依然是做好全过程工程咨询服务工作的"不变真理"

全过程工程咨询服务工作是建设工程方面的专业服务类工作，与其他专业服务类工作一样，全心全意、诚心诚意地向委托服务业务的建设单位提供高质量的全过程咨询专业服务工作，得到项目建设单位的认可和肯定，依然是做好全过程工程咨询服务工作的"不变真理"。

2. 全过程工程咨询服务工作离不开商务及技术工作相辅相成的密切配合

全过程工程咨询服务与其他专业服务类工作一样，依然离不开商务工作及技术工作相辅相成的密切配合。商务工作为开展全过程工程咨询服务工作确定和提供合法的专业作业平台，是全过程工程咨询服务工作的牵头工作；高质量的专业技术服务工作，为全过程工程咨询服务的商务工作提供坚实的业绩和口碑保障。二者相辅相成，互为基础，必须高度重视。

3. "内业、外业、财务"是保障全过程工程咨询服务高质量工作的"三驾马车"，缺一不可

根据公司开展项目管理和全过程工程咨询服务的工作经验总结，将全过程

工程咨询服务划分为"内业、外业、财务"三种类别的作业。

1）内业工作

内业工作贯穿于项目建设管理的始终，涉及其他参建各方的所有技术性和程序性工作。内业工作是牵头工作，主要内容是代表建设单位安排、协调第三方专业服务单位完成项目前期和项目后期规定的程序文件编制和报批工作，以及办理相关的手续文件；完成项目后期规定的程序工作，取得程序规范的成果文件，直至项目审计评审工作结束。

2）外业工作

施工期间的咨询管理工作，严格按规定必须由建设单位履职（建设单位签字、签章）的专业工作，由全过程咨询单位代建设单位履行，并量化管理，是内业工作的配合工作。

3）财务工作

财务工作主要是项目前期建设单位财务建账、建档初期，以及项目后期的竣工财务决算编制和财务决算的编制与审计评审的配合工作，为内业工作的配合工作。

"内业、外业、财务"是保障全过程工程咨询服务工作的"三驾马车"，缺一不可。

4. 标准化作业是全过程工程咨询服务工作提高作业质量和效率的保证

与其他所有行业一样，标准化作业同样是提高全过程工程咨询服务工作作业质量和效率的保证。公司通过已经完成工程审计评审的项目的全过程工程咨询服务工作，建立了本企业的《建设项目全过程工程咨询操作指南（试行）》，公司承揽的所有常规项目的咨询服务工作，均根据《建设工程文件归档规范》GB/T 50328—2014扩充形成的"基建

资料（A册）（163项版）"文件目录，本着建设工程项目管理基建、监理、施工资料实现"百分化、规范化"的最终工程审计评审目标，向建设单位提交了"以完成咨询服务委托合同标的"即"项目最终审计评审"为目标的成果文件，不断提高和保证了全过程工程咨询服务工作的作业质量和作业效率。

三、探索监理企业转型升级、业务模式拓展延伸、开展多样化差异化特色化咨询服务的发展思路

（一）监理企业开展全过程工程咨询服务工作的特点

与工程监理制不同，全过程工程咨询服务尚未法制化（建设单位"可用可不用"，不是"必须用"）、规范化、标准化，甚至没有固定的服务管理模式。因此，作为提供全过程工程咨询服务的监理单位，必须以项目建设管理规定的程序和法律、法规为工作依据，以代表建设单位全面、规范地完成全部的项目建设管理专业工作为职责，率先研究、设计和形成全过程工程咨询服务基本管理模式和企业标准。分述如下：

1. 鉴于建设单位是咨询服务的唯一对象且既有共性更有个性的实际情况，需要根据建设单位介入项目管理工作个性方面的实际情况，以"你进我退""你退我进"的"弥补"原则，实现与建设单位项目管理工作的"无缝对接"，完成全过程工程咨询工作的全部标准作业内容。全过程工程咨询服务工作刚刚开始，仍然需要走监理行业曾经走过的路，比如：面对协调工作力度不足、业务市场需要逐步拓展等问题，只

有同样秉承"以人为本"的基本理念，以工作人员的专业、敬业、职业道德取胜，以化解或缓解全过程工程咨询服务尚未法制化、目前尚未普及带来的不利影响。

2. 与工程监理工作比较，项目管理的专业更加多元化，除工程监理必需的专业人员以外，还需要工程造价、工程财务等专业人员，以满足项目前期的工程投资控制，以及工程竣工验收以后的工程结算、财务决算、审计评审工作的需要；与工程监理工作比较，全过程工程咨询工作周期更长，一般成倍于工程监理周期，相应的工作成本更大；全过程工程咨询服务工作与监理工作具有严格的工作界限，即建设单位与监理单位的工作界限，必须按规范形成各自独立的成果文件，决定了全过程工程咨询工作不应与监理工作有所"重叠"或"搭接"。

监理人员长期在施工现场，在施工期及项目后期的项目管理工作中，较单一的项目管理人员更具优势，更加清楚和理解执行项目前期相关决策和细节的重要性。因此，需要在全过程工程咨询服务工作模式设计和实施时充分考虑并加以利用。

（二）监理企业转型升级、业务模式拓展延伸、开展多样化差异化特色化咨询服务的发展思路

1. 联合体经营、并购重组

鉴于监理企业开展全过程工程咨询服务工作涉及的前述相关事项，根据《国家发展改革委　住房城乡建设部关于推进全过程工程咨询服务发展的指导意见》（发改投资规〔2019〕515号）文件"引导全过程工程咨询服务健康发展"，"鼓励投资咨询、招标代理、勘察、设计、监理、造价、项目管理等企业，采用联合经营、并购重组等方式发展全过程工程咨询"的精神，充分利用监理单位及其他企业已经拥有的市场资源、专业人员、业绩和口碑，以快速实施的"联合体经营"方式，迅速推进和保证全过程工程咨询服务工作及作业质量，为全过程工程咨询服务企业的"长治久安"打下坚实的基础。

2. 全过程工程咨询服务工作专业人员的培训工作十分紧迫

面对刚刚开始的全过程工程咨询服务市场，参与建设工程的投资咨询、招标代理、勘察、设计、监理、造价、项目管理等企业，都在面对专业人员紧缺及作业规范和标准缺失的实际情况。

因此，尽快建立企业标准和作业手册，重点物色和培训总监等级别的骨干监理人员，掌握相关的理论知识及具体的实操作业流程、标准和要求，转换角色，迅速适应全过程工程咨询服务工作中的项目管理工作，为进一步顺利开展全过程工程咨询服务工作打好基础。

3. 建设全过程工程咨询服务数字化在线管理平台的重大意义

在当前数字化应用的大时代里，很多建设工程项目管理工作，仍处在电子邮件往来和人工手工处置作业的状态，已经落后于国家投资项目在线审批监管平台，招标投标、施工图审查等全流程电子化应用的要求和现状。

公司计划充分利用已经完成项目管理及全过程工程咨询工作积累的经验和成果文件资源，在公司目前编制的《建设工程项目管理向导软件开发项目用户需求与资源调查报告》的基础上，进一步扩大范围，投入人力和资金，建设具有操作性和普适性的全过程工程咨询服务数字化在线管理平台，满足项目管理向导、作业、监督管理、审计评审等各个阶段和层次的需求，进一步实现资源共享，代替人工处置，免除重复作业，消除人为因素，在全流程电子化甚至大数据应用方面，赶上数字时代的步伐。

有能力的监理企业要审时度势，抓住机遇，大胆创新，以饱满的热情去拥抱工程咨询业的春天。

参考文献

[1] 陆帅，吴洪樾，宁延. 全过程工程咨询政策分析及推行建议[J]. 建筑经济，2017，38（11）：21-24.
[2] 马升军. 全过程工程咨询的实施策略分析[J]. 中国工程咨询，2017（09）：17-19.
[3] 吴健咏. 全过程工程咨询对咨询企业的机遇与挑战[J]. 中国水利，2018（14）：54-55.

让数字建设迈向智慧建设，着力提升工程咨询水平

广州珠江工程建设监理有限公司

一、项目全过程咨询管理的信息化建设

（一）基于传统信息手段的数字构建

从传统的纸质文件传阅到电子图纸文件审阅，工程办公已进入数字化时代，企业 OA 的使用让我们实现了办公间的文件审批流转；在各项目上搭建服务器帮助我们对项目文档、资料进行集中储存。

但传统的数据构建，仍存在着局限性。OA 无法与企业的其他管理软件对接，与各部门之间的数据无法形成交互；各项目部搭建的简易服务器处于局域网，无法实现信息数据的异地共享，满足不了多参建单位的跨地域信息协同。

（二）让数字建设迈向智慧建设

要从传统的工程咨询手段、从简单的数字信息构建实现项目的智慧建设。想要实现工程咨询的创新，就要求我们要围绕人、机、料、法、环等关键要素，综合运用协同管理系统、建筑信息模型、移动互联网、物联网、大数据、人工智能等信息技术和智能设备，与施工技术深度融合与集成，对工程质量、安全等生产过程及商务、技术等管理过程加以改造升级，提高施工现场的生产效率、管理效率和决策能力，实现精细化、绿色化和智慧化的生产和管理。

二、深圳国际会展中心的智慧建设

深圳国际会展中心位于粤港澳大湾区湾顶，珠三角广深澳核心发展走廊、东西向发展走廊、狮子洋与内伶仃洋交汇处的空港新城片区，是深圳市委市政府布局深圳空港新城"两中心一馆"的三大主体建筑之一，总建筑面积（一期）达 160 万 m²，项目建成后，将成为全球最大的会展中心。

该项目由广州珠江工程建设监理有限公司提供项目管理服务，工程体量大、建设工期紧、任务重、标准高，27 万 t 钢结构安装，大型建设机具单次投入量达 300 多台，日进场和转运材料达 1.5 万 t 以上，用工高峰期劳动力投入近 20000 人。

基于信息协同平台、BIM 技术、互联网、物联网的特大型多方协作智慧建造，是我们为深圳会展中心建设提供咨询管理服务的利器。项目建立了统一标准，以科技手段提升建设管理，打造智慧工地，提高建设各环节的管控水平，优质高效地实现建设目标。

（一）基于 ProjectWise（以下简称"PW"）信息协同平台的项目智慧协同

深圳国际会展中心项目建设不仅参建单位多，而且各单位办公并不在同一

区域，工程图纸版本多、模型文件多、参建单位多、报审资料种类多、项目每日产生的数据量大，同时项目数据安全要求高，为便于统一有序的管理，需要一个安全、高效的多方协同平台。

经过对深圳国际会展中心建设前期策划分析，根据深圳国际会展中心建设项目特点，公司与美国奔特力公司合作，基于奔特力公司的 PW 信息协同平台系统，共同为深圳国际会展中心项目定制开发信息模块，确保工程内容安全和各个项目参与方协同工作及文档的有效管理及查询，极大程度地提高工作效率，降低项目管理成本。

PW 信息协同平台为工程项目的内容管理提供了一个全建设过程的协同环境，可以精确有效地管理各种文件内容，并通过良好的安全访问机制，改变传统点对点的沟通方式，使项目各个参与方在一个统一的平台上协同工作（图 1）。

应用 PW 信息协同平台，作为项目咨询管理单位，我们有效地解决了项目遇到的以下问题：

1. 解决参建单位异地分布式

深圳国际会展中心项目子项目多，参与方众多，而且分布于不同的城市或国家。PW 信息协同平台可以将各参与方的工作内容进行分布式存储管理，并

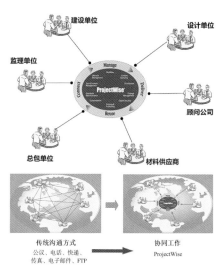

图1 PW信息协同平台工作模式

且提供本地缓存技术，这样既保证了对项目内容的统一控制，同时也提高了异地协同工作的效率，有效解决了全过程项目管理中各参建单位的地域问题。

2. 有效实现管理各种动态的文件内容

项目体量大，在全过程项目管理中，会产生大量的文件。各类文件使用的软件众多，产生了各种文件格式。这些文件之间关联复杂且动态变化。我们应用PW信息协同平台实现文档管理智慧化，建立全项目的文档管理标准和流程，有效地控制工程文件之间的关联关系，在减少管理人员工作量的同时科学地统筹项目资料往来。

3. 安全的控制访问

作为标志性的公共建筑，深圳国际会展中心项目对建设资料的安全要求极高，但项目参与方众多，如何保证信息内容的安全存储和访问成为关键。

PW信息协同平台操作层与数据层是分离的，在收集分散的工程内容信息的同时，采用了集中统一存储的方式，从技术上有效提高了文档、资料管理的可控制性和安全性。规则上，我们对于用户访问，采用了用户级、对象级和功能级等三种方式进行控制。用户按照预先分配的权限访问相应的目录和文件，这样保证了适当的人能够在适当的时间访问到适当的信息和适当的版本。

4. 工程内容目录结构映射

传统项目单一的文件组织管理方式往往带来诸多问题。我们应用PW信息协同平台提供的目录结构映射功能，先按照某种方式建立目录结构，然后按照另一种方式建立映射关系。利用这种方式建立的目录是逻辑映射的，保证了文件内容的唯一性。

5. 建立强大的信息查询与资料搜索系统

应用PW信息协同平台强大的检索功能，根据项目情况，自定义一些属性，根据这些自定义属性我们可以进行快速、高效的查询；同时PW信息协同平台也支持全文检索以及工程组件索引。经常使用的查询方式还可以进行保存，保存的是查询的条件而不是静态的结果，保证了查询结果的实时更新。

6. 建立高效工作流程管理

在日常管理工作中，基于项目的WBS（工作分解结构），我们根据不同的业务规范，定义自己的工作流程和流程中的各个状态，并且赋予用户在各个状态的访问权限。

当使用工作流程时，文件可以在各个状态之间串行流转到某个状态，在这个状态具有权限的人员才可以访问文件内容。通过工作流的管理，可以更加规范设计工作流程，保证各状态的安全访问。并且可以随之生成相应的校审单，其中包括流程中各步骤的审批意见、历史记录和错误率、工作量的统计等。

7. 便捷的动态出图和智能审图

在设计管理阶段，应用PW信息协同平台我们可以有效地进行出图管理和新旧版图纸对比。PW信息协同平台支持在打印的同时，生成相应文档的PDF格式，便于文件的交付归档。

通过共同定制开发的图纸智能审核信息模块，项目工程师能迅速找到图纸的变更内容，大大提高审图效率。

8. 生成工作日志

PW信息协同平台可以自动记录所有用户的操作过程，包括用户名称、操作动作、操作时间以及用户附加的注释信息等，我们的系统管理员利用系统实时监控每位用户的登录信息，保证项目安全性的同时帮助业主定期对各参加单位做工作考评。

作为深圳国际会展中心项目管理单位，在建设过程中，我们主导并全面推广了基于协同管理思想的PW信息协同平台，为项目的全面智慧建设提供了信息共享、智慧协调、安全可靠的服务。通过项目信息的智慧协同，将整个项目的图纸文档按照规范目录进行结构管理。工程管理人员加深了对整个工程的认识和理解，建立了完整的工程概念，同时可以快速找到其他专业的图纸、模型、方案、文档等，提高了项目资料的发布效率和各专业、部门之间的工作配合便捷性。

应用PW信息协同平台的智慧信息协同，我们改变了传统的分散交流模式，实现了信息的集中存储与访问，增强了信息的准确性和及时性，打破了地域限制，全面提升了全过程建设周期中各参与方的信息协同效率，同时为项目与企业提供了完整、强大的知识库。

（二）基于移动互联网与大数据打造工地现场智慧建设

数据的采集、归集与分析是深圳

会展项目智慧建设重要的组成部分，实现施工现场数据采集的及时性、可靠性和完整性，是对项目实现动态管理的关键。作为项目管理单位，我们应用了质量安全巡检系统、群塔作业监控系统、无人机航拍系统、现场大数据分析体系，实现数据采集的智能化和项目管控的智慧化。

1. 质量安全巡检系统

质量安全巡检系统（图2）以移动端为手段，以海量的数据清单和规范标准为数据基础，现场质量、安全问题实时拍照同步上传，实时系统内通知区域负责人，准确定位整改，后台汇总数据，问题自动统计分析，整改单、通知单等报告一键生成。对施工中的生产行为与安全状态进行具体、实时、有效的管理与控制，通过"事前预测""事中管控"的方式杜绝事故的发生。

2. 群塔作业安全监控系统

针对深圳国际会展中心项目塔吊多、分布广的情况，现场塔吊全部联网，通过统一的塔吊监控系统进行作业，对塔吊安全重大危险源均进行实时监控，"预防为主"得到落实；同时，塔吊作业时各种数据全过程记录，危险性预警；利用智能管理快速提供各种数据统计分

析报表，便于监督和管理。

通过塔吊监控系统（图3）实现现场安全监控、运行记录、声光报警、实时动态的远程监控，使得塔机安全监控成为开放的实时动态监控，做到安全防护，有效监管，全过程保护。

3. 无人机航拍系统

深圳国际会展中心总建筑面积达160万 m²，如此大跨度的管控工作对我们项目管理团队而言是非常困难的，对此，我们应用无人机航拍系统4个应用点对项目进行全面管控。

1）进度巡检：为方便实时掌握现场的形象进度，特采用无人机定期定航线拍摄，形象直观地展示每个区的现场施工情况，并建立起时间刻度的竖向对比。

2）逆向建模，复核土方算量：通过无人机逆向建模技术，绘制现场的点云模型，通过专业软件算出基准标高以上的土方量。再结合土方测算规则，计算出现场指定区域的实际土方量，将点云模型与四方联测进行结合，通过模型提量与实际联测算量的校核，发现问题并修改。

3）红外测绘：通过无人机下挂红外热像仪，精准、快速地对现浇混凝土

的温度变化、市政管道的渗漏点、屋面和幕墙的气密性进行检测，实现对项目大底板的温控检测和金属屋面的密闭性检测。

4）720°全景监控：定期制作项目720°全景图，让项目管理团队在手机端即可了解项目全貌，无须走遍现场即可发现材料堆放、交通设置等是否合理。

4. 现场数据分析体系

基于互联网终端，每天都会产生大量的数据，这些看似毫无关联的数据，通常可以具有深层次的紧密关系，关于质量、安全、进度、造价管控都会有十分重要的作用和意义。

作为项目全过程管理团队，我们建立综合数据研究中心，对数据进行剖析，即对冗杂的数据进行有用剖析，将数据资料的功用进行最大的开发，综合数据的信息，得出具有针对性的管控计划和措施，从而可以协助项目建设作出改善。

（三）基于物联网实现项目人、料、机全面控制

深圳国际会展中心体量大，人员、材料、机械数量远超一般工程，对人、料、机的全面管控是一个难题，利用物联网技术实现项目管控的智慧化是一个有效解决途径。为此，我们在

图2 质量安全巡检系统流程与界面

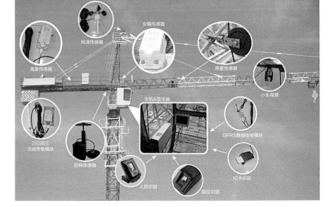

图3 塔吊监控系统

项目管控上利用了基于物联网的以下系统：

1. 钢结构全生命周期信息化管理平台

在钢结构制造施工过程的管控中，我们对钢结构施工单位在钢结构构件的生产加工及安装过程中全程跟踪，通过统计分析监控生产进度整体状况，实时掌握进度信息，偏差预警，监控物料供应，确保生产进度。

2. 劳务实名系统

项目高峰时期作业人员多，规模大，且人员流动频繁。在现场人员管控方面，我们应用集成各类智能终端设备的劳务实名系统，对建设项目现场劳务工人实现高效管理。项目参与建设人员进场后即刻在劳务系统建立个人档案，绑定身份信息，系统将人员进行分类管理，防范不合规人员进场。办公区、生活区和施工区域均设置门禁系统，刷卡出入，相关刷卡统计信息即时上传，系统上即能掌控现场的工种配置及人员作业情况。

3. 人员机械定位系统

在现场管控方面，我们应用GPS定位系统，利用物联网理念通过定位芯片对管理人员和流动式起重设备进行定位，及时了解被监控对象在现场的位置信息，便于监管，实现人员机械的现场工作时间统计和行走路线留痕。

（四）基于BIM实现项目建设信息集成管理

深圳国际会展中心项目管理过程中，我们应用BIM作为项目信息化载体，大大提高了工程项目交付的速度，缩短了工期，节约了成本。此外，通过集成的信息模型，提供更好的交互协同

能力，为工程项目全过程中各参与方和多要素的集成管理提供了可能。我们应用BIM具体做到了以下工作：

1. 实现建设信息集成

全过程管理中，我们应用BIM作为项目的数据集合体，将建筑项目中从规划设计至施工运维的数据进行了整合、分析、输出，为各阶段提供数据依据以及参考，并且将建设过程中得到的信息结合三维模型进行整理和储存，以备项目全过程中各相关利益方随时共享。

2. 辅助深化设计，解决传统图纸问题

利用BIM模型辅助设计单位完成钢结构、机电、幕墙、装修单位专业BIM模型的深化、修改。

3. 对施工方案进行模拟

施工管理阶段，我们应用BIM对项目的重点或难点部分进行可建性模拟，审核承包方提交的施工方案，分析优化施工安装方案。

三、智慧建设效益分析

（一）直接效益

1. 节约工期

与以往同类型项目相比，深圳国际会展中心建设周期预测需4年工期，但经过项目建设周期信息化智慧建设，工期缩短至2年，大大节约了时间成本。

以钢结构工程为例，钢构件制造应用BIM技术正向设计进行构件加工，由传统制造时间的15个月缩短至6个月。再如，在机电安装工程中，通过BIM技术的管线综合排布，工期由传统的18个

月缩短至8个月。

2. 项目实现"三个一流"建设目标

借助BIM技术，我们对方案中的材料、颜色搭配、功能实现等进行信息建模，对方案实施进行模拟，使设计师的"一流设计"落地可行。

运用以信息化为核心的信息协同、信息集成、BIM、移动互联网、物联网等信息化手段实现项目建设的智慧建设，全面管控项目"质量、安全、进度、造价"，使项目建设达到"一流建造"。

同时，竣工信息集成化、智能化、可交付。最终所有的资料都将关联地集成在建筑信息模型当中，可高效地对建筑物进行数据分析和资料整合，助力运营单位实现"一流运营"。

（二）间接效益

1. 培养一批行业信息化综合素质人才

信息化是一个知识转化增值过程，信息化建设的关键，人才永远是第一要素。通过深圳国际会展中心的智慧建设，我们为企业培养了一大批工程建筑信息化人才，熟练掌握信息协同平台的使用，掌握BIM技术应用，把物联网关联至工程建设，为行业带来了信息化的思潮，这必将是企业和行业的一笔财富。

2. 形成一整套项目智慧建设示范性方案

行业中，同类型项目智慧化建设案例较少，可参考性方案缺乏，只有零散的资料可以参考。通过深圳国际会展中心的智慧建设，我们积累了一整套全面标准化实施方案、实施标准等，为往后的项目提供示范性方案，丰富了企业与行业知识库。

工程建设全过程咨询服务模式与价值体现研究

武小兵

内蒙古科大工程项目管理有限责任公司

摘 要：2017年5月2日，住房城乡建设部下发了《住房城乡建设部关于开展全过程工程咨询试点工作的通知》（建市〔2017〕101号），各试点地区陆续开展为期两年并分准备、实施、总结三个阶段的全过程工程咨询试点工作。目前，全过程工程咨询试点工作已全面进入总结阶段，但仍存在服务体系不清、价值体现不明、系统认识不足等问题。本文基于近两年全过程工程咨询实践经验和理论研究，对工程建设全过程咨询服务模式和价值体现进行系统性论述，以期为全过程工程咨询业务开展提供指导与参考。

关键词：工程建设；全过程咨询；服务模式；价值体现

引言

2019年3月15日发布的《国家发展改革委 住房城乡建设部关于推进全过程工程咨询服务发展的指导意见》（发改投资规〔2019〕515号），明确"重点培育发展投资决策综合性咨询和工程建设全过程咨询""以工程建设环节为重点推进全过程咨询""探索工程建设全过程咨询服务实施方式"等观点。由此，工程建设全过程咨询服务模式与价值体现研究成为全过程工程咨询领域研究的关键问题。

一、服务模式

（一）服务特征

全过程工程咨询企业作为建设项目智力服务的第三方，遵循独立、科学、公正的原则，综合运用多学科知识、工程实践经验、现代科学和管理方法，为项目业主提供有关管理、技术、经济和法律相关服务。因此，全过程工程咨询服务应具备的特征概况为：服务性与公正性；独立性与科学性；专业性与综合性；系统性与全面性；高素质与高智力[1]。

（二）服务要求

工程建设全过程咨询服务需要做好三方面工作：

1. 加强与投资决策联系性。工程建设全过程咨询服务尽可能在可行性研究阶段甚至项目建议书阶段介入，对项目规划或方案设计、建设方案、建设目标、投资估算、风险预测等进行分析、论证，基于项目经验提出合理化建议，确保项目决策的高度科学性。

2. 发挥设计服务连续性和指导性。建设项目的灵魂在于设计，设计工作在项目实施过程中具有连续性，需确保设计理念、设计意图、技术指导在项目实施过程中不间断落实，从而实现建设项目决策的初衷、提高建设品质。建议工程建设全过程咨询服务中设计服务采用"规划、方案、初步设计 + 全过程设计咨询"或"全过程设计 + 全过程设计咨询"或"全过程设计咨询"，保证业主方设计管理贯穿始终，实现业主方设计意图，并可以考虑从全过程工程咨询角度逐步实现"建筑师负责制"。

3. 推进项目管理的科技化、信息化[2]。目前，建筑业与传统工业、电子产业、信息产业相比落后明显，主要体现在工业化程度不高、信息化运用不足、低劳动力相对密集、作业环境较差等。随着信息革命的渗透，工程建设全过程咨询服务不应停留于传统智力型服务，应着力尝试和应用"互联网 +"、物联网、云计算、BIM 等技术手段（图 1）提供科技化、信息化服务，实现建设项目目标控制的数据化、可视化，从而提升全过程工程咨询服务品质，促进建筑业创新发展。

（三）委托形式

根据国务院和国家发展改革委、住房城乡建设部有关文件精神，本文基于施工总承包和EPC工程总承包两种施工发包模式，对工程建设全过程咨询委托形式建议如下。

1.施工总承包模式服务范围：全过程设计咨询＋全过程项目管理＋工程监理＋场地勘察＋工程设计＋造价咨询＋招标代理＋专项咨询等。发包模式：场地勘察、工程设计（方案、初步、施工图）、造价咨询、招标代理、专项咨询可包含在全过程工程咨询服务合同中，也可由建设单位另行发包。若包含在全过程工程咨询服务合同中时，工程设计中主项设计必须自行完成，专项咨询中具备相应资质条件的可自行完成，需分包项目应在合同中明确内容和分包单位要求[3]。

2.EPC工程总承包模式（施工图设计＋采购＋施工）服务范围：全过程设计咨询＋全过程项目管理＋工程监理＋场地勘察＋方案设计或初步设计＋造价

咨询＋招标代理＋专项咨询等。发包模式：场地勘察、方案设计、初步设计、造价咨询、招标代理、专项咨询可包含在全过程工程咨询服务合同中，也可由建设单位另行发包；方案设计可以采用全范围比选。若包含在全过程工程咨询服务合同中时，方案设计或初步设计必须自行完成主项设计、专项咨询中具备相应资质条件的可自行完成，需分包项目应在合同中明确内容和分包单位要求。

3.委托要求：若委托一家综合性企业提供，须同时具备与建设项目规模相当的工程设计、工程监理、造价咨询等资质条件，并且拥有一定数量同类型、同等规模的工程设计、项目管理或工程监理业绩。若采用联合体形式提供，联合体牵头单位须同时具备与建设规模相当的工程设计、工程监理等资质条件，并且拥有一定数量同类型、同等规模的工程设计、项目管理或工程监理业绩。

（四）组织结构

全过程工程咨询组织结构可由企业各职能部门与项目部共同组成，代表企业提供全过程工程咨询服务，组织结构建议采用"大后台、精前端"模式。

1.大后台。涵盖设计技术、BIM技术、信息中心、生产管理、财务管理、法律咨询、人力资源等专业领域的职能部门，能够为项目提供全方位的咨询服务。

2.精前端。项目部配备综合能力较强的项目总负责人及专业技术扎实、协调能力较好的专业咨询工程师，"大后台"与"项目部"之间的关系类似"终端服务器或云端"与"PC端"的关系，通过前端优秀的咨询工程师保障企业优势资源在项目中得到利用，实现工程建设全过程咨询服务的顾问化、专业化、集成化[4]。根据"大后台"与"精前端"模式，工程建设全过程咨询服务组织结构图，如图2所示。

二、价值体现

根据全过程工程咨询特征，工程建设全过程咨询应为服务的、智力的、增值的模式，能够为建设项目、项目业主提供增值服务，其价值体现总结为四个方面。

（一）精管理：成熟的全过程项目管理体系，能够为建设项目提供标准化、规范化的管理服务；高素质的人才队伍，实现既规范化又灵活的工作方式，保证较高的管理效率。结合世界范围内的发展经验不难发现，矩阵式机构组织模式

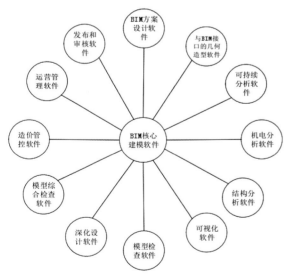

图1　BIM软件体系

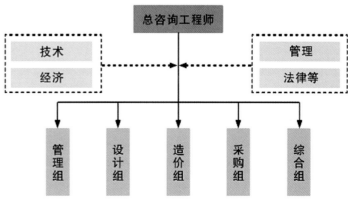

图2　工程建设全过程咨询服务组织结构图

在全过程咨询企业的适用价值最高，因此，工程咨询企业应当优化内部的管理部门建设，并加强专业化管理软件的配套，实现对于全过程咨询服务项目的计划、考核、执行与调整[5]。

（二）谋策划：丰富的工程管理经验，具备建设项目全过程风险管控、目标控制能力，能够为项目提供项目总体策划、实施策划能力。对于现代化的全过程咨询服务来说，构建起一支专业化的人才队伍尤为重要。为此，工程咨询企业应当提升人力资源开发建设的水平，关注人员专业化能力的培养及整体结构的调整，并配套以系统化、规范化、全员化和终身化的培训制度，培养一支科学理论工作者与应用技术人员相互结合、优化配置的多学科咨询团队。

（三）擅技术：拥有丰富的设计经验和专业人才团队，具备与建设项目相适应的设计或设计咨询能力，能够为建设项目提供全过程设计和设计咨询服务，从技术和运维角度控制投资造价、提高使用性能。

（四）重服务：企业愿景是以提供高品质服务为根本，促进行业健康发展；员工具有较高职业道德和服务情操，体现技术、管理与服务心态的高度结合，为业主提供满意、贴心的工程咨询服务；从企业到个人强化服务意识，做到"善始善终、价值优先"。

三、工程建设全过程咨询服务模式遇到的问题

（一）全过程工程咨询试点以来，"科大管理"未承接一项全生命周期全过程工程咨询业务，全部是建设项目实施阶段的工程建设全过程咨询，未涉及投资综合性咨询。

（二）全过程工程咨询招投标、全过程工程咨询合同、全过程工程咨询服务清单在内蒙古自治区范围内无任何标准可执行，都是参照外省市的一些标准和做法。

（三）"发改委515号"文明确要求"全过程工程咨询服务酬金可在项目投资中列支""鼓励投资者或建设单位根据咨询服务节约的投资额对咨询单位予以奖励"，但在实际操作过程中，自治区范围内没有可参照的"全过程工程咨询计费标准"，都是甲乙双方进行讨价还价的商榷结果。

（四）现阶段包头市及自治区范围内对于全过程工程咨询服务模式基本上一无所知，社会认知度低是培育全过程工程咨询服务模式最大的障碍。

（五）全过程工程咨询服务应由综合素质高的人才担任项目负责人，"科大管理"相对来说人才济济，但可作为"全过程项目负责人"的人员还是缺乏，培养综合人才迫在眉睫。

（六）按照《关于开展全过程工程咨询试点工作的通知》（内建工〔2018〕544号）要求，各盟市应将政府投资项目中的房屋建筑工程和市政公用工程优先采用全过程工程咨询，但项目落地参差不齐，包头市至今还没有一个全过程项目落地。

四、工程建设全过程咨询服务的改进建议

（一）自治区应加快制定并出台全过程工程咨询中招投标、服务合同、服务内容及清单、计费等标准和办法。

（二）根据自治区工程咨询业的实际状况，应引导市场和企业先期开展以工程项目管理为基础的工程建设全过程咨询，逐步向全生命周期的全过程工程咨询发展。

（三）在内蒙古自治区范围内对建设管理部门的主管领导、主任、科长、科员进行政策培训，提高政府人员的认知度，政府强力推进是培育全过程工程咨询服务模式的关键所在。

（四）政府应倡导重个人能力及业绩、轻企业资质的政策环境，在工程建设全过程咨询的招投标、合同订立等过程中加以引导。

（五）按照"发改委515号"文的要求，全过程工程咨询试点项目应尽早"落地生根，开花结果"，自治区范围内还未确定试点项目，应加快推进。

结语

在习近平新时代中国特色社会主义思想指导下，工程咨询行业深化改革正逢其时，全过程工程咨询具有较强的生命力，符合当前工程咨询业发展需要和市场需求。工程建设全过程咨询在服务模式上应着力落实建筑师负责制，发挥工程设计灵魂作用和大后台、精前端的组织作用，同时加强投资决策参与力度、重视项目策划的意义、强化先进技术的应用，提高项目目标控制能力，从而发挥全过程工程咨询模式在技术引领、风险控制、资源整合、统筹协调和目标控制等方面的优势。

参考文献

[1] 张秋菊，王启昕.设计类工程企业发展全过程工程咨询服务的思考[J].工程建设与设计，2018（13）：15-16.

[2] 金龙.全过程工程咨询服务模式的探索[J].上海建设科技，2018（03）：115-117.

[3] 伏国俊.造价人员在全过程工程咨询服务中的主导作用[J].价值工程，2018，37（18）：67-68.

[4] 杨学英.监理企业发展全过程工程咨询服务的策略研究[J].建筑经济，2018，39（03）：9-12.

[5] 唐晓红.打造企业核心竞争力，提供全过程工程咨询服务[J].招标采购管理，2017（12）：16-17.

全过程工程咨询服务监理模块

张小桂

北京市顺金盛建设工程监理有限责任公司

建设工程周期服务模块涉及策划咨询、勘察、工程设计、招标代理、造价咨询、工程监理等六个阶段的管理服务。把六个模块贯穿起来需要不同阶段的人才,形成一个强大的团队,该团队就形成全过程咨询服务组织。

全过程咨询服务组织可分成六个模块,分别由现有的行业来承担相应的工作,因为他们从事本行业工作已几十年,有着丰富的经验,并且专业性非常强,所以各负其责,发挥专长。采用并购重组的方式将六个模块贯穿起来,培育一批具有国际水平的全过程咨询企业。

全过程咨询服务的发展离不开施工阶段监理工作,并且该阶段在全过程中是非常重要的,如果这一环节的工作出现问题,所有前期的准备就全部没有了意义。笔者从事监理工作多年,对监理工作比较熟悉,就如何搞好施工过程监理工作阐述观点如下:

一、开工前准备阶段

(一)技术准备

一般开工证办完后,施工单位进场,监理单位进场。

技术方面:施工组织设计审批是在施工单位审批基础上监理进行审核,查看措施、人员组织、机械配置、施工方法、现场环境布置等。目前存在的问题主要是施工单位怕麻烦,把投标用的施工组织设计直接拿来指导施工,内容有许多不切合实际,没有针对性。所以,监理要求施工单位中标后重新编写施工组织设计,篇幅不要求太长,要求线路、方法一定要清晰(详细的内容在方案中),要有各种方案明细表。

(二)人员准备

首先,核实总包单位人员是否与投标人员一致(一般总包单位为了中标,把最有实力的负责人编入施工组织设计),如果有变化,重新核查资质,核实总包项目主要人员。往往中标后施工单位人员不够或人员技术不强、业务不精,各个环节出现错误,造成进度上不去,质量达不到规范要求。

分包队伍的选用:施工单位对分包队伍选择一般内部先招标,选出一家或几家分包队伍,把分包资质报送监理审批,合格后签合同,到建委备案,这是正常的程序。可是有的施工单位报送监理单位分包资质和报送政府备案不统一,不是一家队伍,直到政府部门依据备案检查时,监理才知道。为了避免这种现象发生,监理应采取的有效措施是:向施工单位索要备案合同,与审批过的分包队伍核实,如不一致,要求施工单位立即整改。

二、开工后施工阶段

(一)材料核审、验收

首先审批材料生产商资质、供应商资质、材料型式检验报告,捋顺委托还是被委托关系。材料进场时,对照生产厂家进行抽样检验,依据规范要求见证取样,送往建设单位委托的经监理审批合格的实验室试验,合格后方可使用。

(二)方案审批

施工过程当中有很多技术文件,比如:专项施工方案、安全方案、交底文件。首先由施工单位项目负责人组织编写,施工单位技术负责人审批合格后由监理审核,往往文件编写较早,过程中施工条件、政府文件、天气、环境发生变化,方案不能再完全指导施工,这时监理一定要向施工单位提出编写补充方案。

(三)洽商、变更文件

工程在施工过程中都会出现洽商和变更,尤其大的工程会更多。不但施工单位应把洽商变更标注在图纸上,监理也要标注在图纸上,施工时才能保证设计图纸内容全面反映到实物上,监理验收时才保证准确无误,依据充分。

(四)过程验收

施工过程中的检验批验收是每天都有的,为了保证验收全面,要求施工单位提前24h向监理预约所要验收的内容,经施工单位自检，监理验收合格后再进行下道工序。往往有些检验批，如墙、板浇筑混凝土前需水、电、土建联合验收，可时间又不统一，就要有汇签单。在汇签单几个专业全部签字合格后再进行混凝土浇筑。很多工序需样板引路，尤其水、电工程先做样板，全部验收合格后进行封存，待该项验收时以样板为标杆。

1. 进度

建设单位最关心的就是工程进度。首先建设单位对工程总进度有一个概念，就是说科学的、切合实际的工期。在没有外界干预、没有气候条件限制下需要多少时间完成，在此基础上，加上冬施、雨施、雾霾、大风等自然影响的时间以及政府特殊停工时间，向后顺延，有一个时间目标点。依据这个目标点安排总进度计划、月进度计划、周进度计划，一旦中间某个环节有了延误立即查找原因，报告建设单位，谁延误谁负责，以后再找机会找回差距，如果实在找不回来也不能采取不合理的办法弥补。比如：甩项验收就不是好的方法，或不科学的穿插作业等。

2. 质量

质量在验收把关的基础上，监理的巡视、关键工序的旁站很重要。施工过程中，监理巡视发现了施工错误应立即指出，要求施工单位改正。避免整道工序完成后再发现问题、再拆除、再返工，浪费大量的时间、费用等，造成工期延误。巡视中监理就提出潜在问题，施工单位不领情，反而会认为多事，这都是有可能的。监理在行使监理权力前多观察、多沟通，采用工作联系单或监理通知的形式（书面）及时要求施工单位整改。

3. 安全

安全管理工作的主要内容为一个重点两个关键。

一个重点：危险性较大的分部分项工程，认真贯彻落实《危险性较大的分部分项工程安全管理规定》（中华人民共和国住房和城乡建设部令第37号）。

两个关键：方案的审核和实施必须符合工程强制性条文；督促施工单位落实安全生产管理体系、消防管理体系的运行，落实各项安全生产责任制度。

监理项目部建立安全管理体系，健全工作制度（如安全管理责任制度）。

审查核验制度、检查验收制度、巡视制度、例会制度、报告制度等。

施工现场监理单位的安全管理不能代替施工单位的安全管理，只有督促施工单位做好安全生产管理的各个环节才有可能避免事故的发生。

（五）组织协调

监理部协调：总监是一个项目管理部的总负责人，搞好监理工作首先应充分了解所在项目机构每个监理人员的经历、能力、工作特点，量才使用，做到人尽其才。在充分信任的基础上发挥每个人的特长，人员搭配，能力互补，工作中不断提高。对于内部矛盾及时发现、及时解决，才能使整个团队成为一个团结战斗的集体。

监理与建设单位的协调：要想做好与建设单位的协调工作，必须了解建设单位的意图，以规范化的工作维护建设单位的法定权益，尽一切努力促使工程按期、保质，以尽可能低的造价建成。遇事征求建设单位意见，对于原则性问题，采取书面报告的方式说明原委，尽量避免发生误解。协调能力的基础与日常工作是分不开的，在日常工作中多提出预见性的意见，解决工程中的问题，时时沟通信息，赢得建设单位的支持和信任。

监理与总包单位的协调：监理与总包单位本来就是一个矛盾对立统一体，但是实现工程的最终目标是一致的。在监理过程中，与总包单位的矛盾不断是非常正常的现象，如何来解决是监理的水平。协调不仅是方法、技术问题，更多的是语言艺术，感情交流，用权适度。监理要取得总包单位的信服，让总包单位感受到监理在为建设单位把关服务的同时，也为他们节省时间、材料，而不是只挑毛病，不解决问题。这就是监理工作中多发现潜在问题，把问题解决在萌芽状态。

总监作为项目核心和代表，必须具有正直的品德、积极的心态、饱满的工作热情、果断的处事能力，才能协调好各方的关系。

三、竣工验收

竣工验收前，监理需检查施工单位内业资料完成情况，现场各项试验完成情况，各专业工作是否全部完成，所有合同内容是否全部涵盖，是否具备验收条件。达到要求，组织施工单位进行预验收，在验收过程中发现的问题要求施工单位整改，完成后编写质量评估报告报送建设单位，建设单位组织五方正式竣工验收。

四、充分了解全过程咨询服务，充分发挥监理作用

全过程咨询服务是我国监理行业未来的发展方向，全过程咨询是一个复杂、探索的过程，在这个过程中离不开施工阶段监理，所以认真做好监理范畴的工作就是为全过程咨询做出了贡献。

《中国建设监理与咨询》征稿启事

《中国建设监理与咨询》是中国建设监理协会与中国建筑工业出版社合作出版的连续出版物，侧重于监理与咨询的理论探讨、政策研究、技术创新、学术研究和经验推介，为广大监理企业和从业者提供信息交流的平台，宣传推广优秀企业和项目。

一、栏目设置：政策法规、行业动态、人物专访、监理论坛、项目管理与咨询、创新与研究、企业文化、人才培养等。

二、投稿邮箱：zgjsjlxh@163.com，投稿时请务必注明联系电话和邮寄地址等内容。

三、投稿须知：

1. 来稿要求原创，主题明确、观点新颖、内容真实、论据可靠；图表规范、数据准确、文字简练通顺，层次清晰、标点符号规范。

2. 作者确保稿件的原创性，不一稿多投、不涉及保密、署名无争议，文责自负。本编辑部有权作内容层次、语言文字和编辑规范方面的删改。如不同意删改，请在投稿时特别说明。请作者自留底稿，恕不退稿。

3. 来稿按以下顺序表述：①题名；②作者（含合作者）姓名、单位；③摘要（300字以内）；④关键词（2~5个）；⑤正文；⑥参考文献。

4. 来稿以4000~6000字为宜，建议提供与文章内容相关的图片（JPG格式）。

5. 来稿经录用刊载后，即免费赠送作者当期《中国建设监理与咨询》一本。

本征稿启事长期有效，欢迎广大监理工作者和研究者积极投稿！

欢迎订阅《中国建设监理与咨询》

《中国建设监理与咨询》面向各级建设主管部门和监理企业的管理者和从业者，面向国内高校相关专业的专家学者和学生，以及其他关心我国监理事业改革和发展的人士。

《中国建设监理与咨询》内容主要包括监理相关法律法规及政策解读；监理企业管理发展经验介绍和人才培养等热点、难点问题研讨；各类工程项目管理经验交流；监理理论研究及前沿技术介绍等。

《中国建设监理与咨询》征订单回执（2021年）

订阅人信息	单位名称					
	详细地址			邮编		
	收件人			手机号码		
出版物信息	全年（6）期	每期（35）元	全年（210）元/套（含邮寄费用）	付款方式	银行汇款	

订阅信息

订阅自2021年1月至2021年12月，_____套（共计6期/年）　　付款金额合计￥_____元。

发票信息

□ 开具发票（电子发票由此地址 absbook@126.com 发出）

发票抬头：_____　　　　　　　　　　　纳税人识别号：_____

发票类型：一般增值税发票

接收电子发票邮箱：

付款方式：请汇至"中国建筑书店有限责任公司"

银行汇款 □
户　名：中国建筑书店有限责任公司
开户行：中国建设银行北京甘家口支行
账　号：1100 1085 6000 5300 6825

备注：为便于我们更好地为您服务，以上资料请您详细填写。汇款时请注明征订《中国建设监理与咨询》并请将征订单回执与汇款底单一并传真或发邮件至中国建设监理协会信息部，传真010-68346832，邮箱zgjsjlxh@163.com。

联系人：中国建设监理协会　王月、刘基建，电话：010-68346832
　　　　中国建筑工业出版社　焦阳，电话：010-58337250
　　　　中国建筑书店　王建国、赵淑琴，电话：010-68344573（发票咨询、邮递查询）

《中国建设监理与咨询》协办单位

北京市建设监理协会 会长：李伟	中国铁道工程建设协会 副秘书长兼监理委员会主任：麻京生	机械监理 中国建设监理协会机械分会 会长：李明安	京兴国际工程管理有限公司 执行董事兼总经理：陈志平
北京兴电国际工程管理有限公司 董事长兼总经理：张铁明	北京五环国际工程管理有限公司 总经理：汪成	咨询北京有限公司 中国水利水电建设工程咨询北京有限公司 总经理：孙晓博	鑫诚建设监理咨询有限公司 董事长：严弟勇 总经理：张国明
北京希达工程管理咨询有限公司 总经理：黄强	中船重工海鑫工程管理（北京）有限公司 总经理：姜艳秋	中咨工程管理咨询有限公司 总经理：鲁静	赛瑞斯咨询 北京赛瑞斯国际工程咨询有限公司 总经理：曹雪松
中建卓越建设管理有限公司 董事长：邬敏	天津市建设监理协会 理事长：郑立鑫	河北省建筑市场发展研究会 会长：蒋满科	山西省建设监理协会 会长：苏锁成
山西省煤炭建设监理有限公司 总经理：苏锁成	山西省建设监理有限公司 名誉董事长：田哲远	山西协诚建设工程项目管理有限公司 董事长：高保庆	晋能控股电力集团 JINNENG HOLDING POWER GROUP 山西煤炭建设监理咨询有限公司 执行董事、经理：陈怀耀
CHD 华电和祥 华电和祥工程咨询有限公司 党委书记、执行董事：赵羽斌	太原理工大成工程有限公司 董事长：周晋华	SZICO 山西震益工程建设监理有限公司 董事长：黄官狮	神剑 SHENJIAN 山西神剑建设监理有限公司 董事长：林群
山西省水利水电工程建设监理有限公司 董事长：常民生	正元监理 晋中市正元建设监理有限公司 执行董事兼总经理：李志涌	陕西中建西北工程监理有限责任公司 总经理：张宏利	XJPM 新疆工程建设项目管理有限公司 总经理：解振学 经营部：顾友文
吉林梦溪工程管理有限公司 总经理：张惠兵	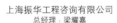中国通信服务 CHINA COMSERVICE 中通服项目管理咨询有限公司 董事长：唐亮	DBCM 大保建设管理有限公司 董事长：张建东 总经理：肖健	上海市建设工程咨询行业协会 会长：夏冰
建科咨询 JKEC 上海建科工程咨询有限公司 总经理：张强	上海振华工程咨询有限公司 Shanghai Zhenhua Engineering Consulting Co., Ltd. 上海振华工程咨询有限公司 总经理：梁耀嘉	BUREAU VERITAS SPM 上海建设监理咨询 上海市建设工程监理咨询有限公司 董事长兼总经理：龚花强	同济咨询 TJEC 上海同济工程咨询有限公司 董事总经理：杨卫东
武汉星宇建设工程监理有限公司 董事长兼总经理：史铁平	胜利监理 SHENGLI PROJECT MANAGEMENT 山东胜利建设监理股份有限公司 董事长兼总经理：艾万发	GDHM 广东宏茂建设管理有限公司 董事长、法定代表人：郑伟生	江苏建科建设监理有限公司 董事长：陈贵 总经理：吕所章
LCPM 连云港市建设监理有限公司 董事长兼总经理：谢永庆	江苏赛华建设监理有限公司 董事长：王成武	温州市全过程工程咨询与监理协会 会长：夏章义 秘书长：金建成	安徽省建设监理协会 会长：陈磊
合肥工大建设监理有限责任公司 总经理：王章虎	江南管理 浙江江南工程管理股份有限公司 董事长总经理：李建军	华东咨询 HUADONG CONSULTING 浙江华东工程咨询有限公司 董事长：叶锦锋 总经理：吕勇	浙江嘉宇工程管理有限公司 ZHEJIANG JIAYU PROJECT MANAGEMENT CO.,LTD 浙江嘉宇工程管理有限公司 董事长：张建 总经理：卢甬
QSH 浙江求是工程咨询监理有限公司 董事长：晏海军	甘肃省建设监理有限责任公司 Gansu Construction Supervision Co.,Ltd. 甘肃省建设监理有限责任公司 董事长：魏和中	FZCGSA 福州市建设监理协会 理事长：饶舜	厦门海投建设咨询有限公司 党总支部书记、执行董事、法定代表人兼总经理：蔡

《中国建设监理与咨询》协办单位

驿涛项目管理有限公司 董事长：叶华阳	业达建设管理有限公司 总经理：倪莉莉	河南省建设监理协会 会长：陈海勤	建基工程咨询有限公司 总裁：黄春晓
郑州中兴工程监理有限公司 执行董事兼总经理：李振文	新疆昆仑工程咨询管理集团有限公司 总经理：曹志勇	河南清鸿建设咨询有限公司 董事长：贾铁军	陕西华茂建设监理咨询有限公司 总经理：阎平
河南省光大建设管理有限公司 董事长：郭芳州	中元方工程咨询有限公司 董事长：张存钦	方大国际工程咨询股份有限公司 董事长：李宗峰	河南长城铁路工程建设咨询有限公司 董事长：朱泽州
河南兴平工程管理有限公司 董事长兼总经理：洪源	湖北省建设监理协会 会长：刘治栋	武汉华胜工程建设科技有限公司 董事长：汪成庆	湖南省建设监理协会 常务副会长兼秘书长：屠名瑚
华春建设工程项目管理有限责任公司 董事长：王莉	湖南长顺项目管理有限公司 董事长：潘祥明 总经理：黄劲松	广东省建设监理协会 会长：孙成	广州市建设监理行业协会 会长：肖学红
深圳市监理工程师协会 会长：方向辉	广东工程建设监理有限公司 总经理：毕德峰	广州广骏工程监理有限公司 总经理：施永强	西安四方建设监理有限责任公司 总经理：杜鹏宇
重庆市建设监理协会 会长：雷开贵	重庆赛迪工程咨询有限公司 董事长兼总经理：冉鹏	重庆联盛建设项目管理有限公司 总经理：雷开贵	重庆华兴工程咨询有限公司 董事长：胡明健
重庆正信建设监理有限公司 董事长：程辉汉	重庆林鸥监理咨询有限公司 总经理：肖波	林同棪（重庆）国际工程技术有限公司 总经理：祝龙	四川二滩国际工程咨询有限责任公司 董事长：郑家祥
中国华西工程设计建设有限公司 董事长：周华	云南省建设监理协会 会长：杨丽	云南新迪建设咨询有限公司 董事长兼总经理：杨丽	云南国开建设监理咨询有限公司 董事长兼总经理：黄平
贵州省建设监理协会 会长：杨国华	贵州建工监理咨询有限公司 总经理：张勤	贵州三维工程建设监理咨询有限公司 董事长：付涛 总经理：王伟星	西安高新建设监理有限责任公司 董事长兼总经理：范中东
安铁一院工程咨询监理有限责任公司 总经理：杨南辉	西安普迈项目管理有限公司 董事长：李三虎	内蒙古科大工程项目管理有限责任公司 董事长：乔开元	云南城市建设工程咨询有限公司 董事长：杨家骏
河北中原工程项目管理有限公司 董事长：王亚东	青岛东方监理有限公司 董事长：胡民 总经理：刘永峰		

河南省建设监理协会

河南省建设监理协会成立于1996年10月，按市场化原则、理念和规律开门办会，致力于创建新型行业协会组织，为工程监理行业的创新发展提供河南方案，为工程监理行业的规范化运行探索更加合理的治理机制。

河南省建设监理协会以章程为运行核心，在党的领导下，遵守法律、法规和有关政策文件，协助政府有关部门做好建设工程监理与咨询的服务工作，提高监理队伍素质和行业服务水平，沟通信息，反映情况，维护行业整体利益和会员合法权益，实施行业诚信自律和自我管理，在提供政策咨询、开展教育培训、搭建交流平台、开展调查研究、建设行业文化、维护公平竞争、促进行业发展等方面，积极发挥协会作用。

自建会以来，河南省建设监理协会秉承"专业服务、引领发展"的办会理念，不断提高行业协会综合素质，打造良好的行业形象，增强工作人员的业务能力，将全省监理企业凝聚在协会这个平台上，引导企业对内相互交流扶持，对外抱团发展；引领行业诚信奉献，实现监理行业的社会价值；大力加强协会的平台建设，带领企业对外交流，同外省市兄弟协会、企业沟通交流，实现资源共享、信息共享、共同发展；扩大河南监理行业的知名度和影响力，使监理企业对协会平台有认同感和归属感；创新工作方式方法，深入开展行业调查研究，积极向政府及其部门反映行业和会员诉求，提出行业发展规划等方面的意见和建议；积极参与相关行业政策的研究、制定和修订；推动行业诚信建设，建立完善行业自律管理约束机制，规范会员行为，协调会员关系，维护公平竞争的市场环境。

经过20多年的创新发展和积累完善，现已形成规章制度齐备，部门机构齐全的现代行业协会组织。协会设秘书处、专家委员会和诚信自律委员会，秘书处下设综合办公室、培训部、信息部和行业发展部。

新时期，协会在习近平新时代中国特色社会主义思想的指引下，秉承新发展理念，推动高质量发展，积极适应行业协会自身的变革，解放思想，转型升级，不断提升服务能力、治理能力和领导能力，努力建设成为创新型、服务型、引领型的现代行业协会，充分发挥行业协会在经济建设和社会发展中的重要作用。

背景图：举办知识竞赛，加强工程质量安全监理水平

举办田径运动会，建设多姿多彩的行业文化

开展主题党日活动，锤炼党性修养

找差距，抓落实，开展不忘初心牢记使命主题教育活动

认真开展课题研究，提升行业标准化水平

奉献监理力量，凝聚行业战疫合力

河南省建设监理协会文件

豫建监协〔2020〕24号

关于表彰抗击疫情履行社会责任监理单位的决定

今年以来，部分省市发生了"新冠肺炎"疫情，在省委省政府的坚强领导下，中原大地众志成城，奋起抗击，迅速有效地控制了疫情在我省的蔓延。在"新冠肺炎"疫情抗击中，河南建设监理行业积极响应一抗击，以彤建铁路医院，捐款捐物，志愿服务等形式支持疫情防控工作，以自己的方式竭力为抗击疫情做出一份力量，弘扬了时代主旋律，展现了新时期河南建设监理行业良好的精神风貌，为河南建设监理事业增添了新的光彩，为抗疫正气、激励先进。河南省建设监理协会决定对河南长城铁路工程建设咨询有限公司等74家抗击疫情中通现的履行社会责任监理单位（名单见附件）进行表彰。

山西潞安高河矿井工程（矿井地面土建及安装工程）（2012 年 12 月获中国煤炭建设协会"太阳杯"奖，2013 年 12 月获中华人民共和国住房和城乡建设部"鲁班奖"）

山西省煤炭建设监理有限公司

　　山西省煤炭建设监理有限公司成立于 1996 年 4 月，企业具有建设部颁发的矿山工程甲级、房屋建筑工程甲级、市政公用工程甲级监理资质。具有山西省建设厅颁发的水利水电工程乙级、电力工程乙级、机电安装工程乙级、化工石油乙级监理资质和工程造价咨询乙级资质。具有水利部颁发的水利工程施工监理丙级、水土保持工程施工监理丙级资质。具有煤炭行业矿山建设、房屋建筑、市政及公路、地质勘探、焦化冶金、铁路工程、设备制造及安装工程甲级监理资质。具有山西省人民防空办公室颁发的人民防空工程建设监理乙级资质、山西省环保厅批准的环境工程监理资质、山西省自然资源厅颁发的地质灾害防治资质、山西省应急管理厅审批的安全评价资质证书。2004 年以来，企业陆续通过了质量体系、环境管理体系和职业健康安全管理体系"三体系"认证，并获得中国煤炭工业协会"企业信用等级'AAA'证书"。

　　公司先后监理项目遍布山西、内蒙古、新疆、青海、贵州、海南、浙江等地，并于 2013 年进驻刚果（金）市场。监理项目获得多项国家优质工程奖、中国建设"鲁班奖"、煤炭行业工程质量"太阳杯"奖，以及荣获全国"双十佳"项目监理部荣誉称号。

　　为实现企业的可持续发展，公司实施了"以煤炭监理为主导产业，以企业自身优势为基础，开展多行业、门类监理业务，扩大业务范围，实行多元化、多渠道创收"的转型发展战略。企业在监理主营业务方面向非煤领域的房建、市政、水利水保、铁路、人防、环境、信息等方面拓展，同时转型 4 个项目，分别是：忻州国贸中心综合大楼项目、山西锁源电子科技有限公司项目、山西美信工程监理公司项目、山西蓝源成环境监测有限公司项目，都获得了明显的社会效益和经济效益。

　　2002 年以来，企业连续获中国煤炭建设协会、山西省建设监理协会授予的"煤炭行业工程建设先进监理企业""先进建设监理企业"；获山西省直工委授予的"先进基层党组织""党风廉政建设先进集体""文明和谐标兵单位"荣誉称号；是全国煤炭监理行业龙头企业，2011 年进入全国监理百强企业。

山西煤炭大厦（建筑面积 26512m²，地下 4 层，地上 25 层。1999 年获山西省"汾水杯"奖，2000 年获中国建筑工程"鲁班奖"）

山西煤炭运销集团泰山隆安煤业有限公司 1.2Mt/a 矿井兼并重组整合项目（2014 年 11 月获"国家优质工程"奖）

山西霍州煤电集团吕临能化庞庞塔煤矿选煤厂主厂房钢结构工程（2016 年 12 月获中国煤炭建设协会"太阳杯"奖）

山投恒大青运城项目，工程规模 442346.8m²

同煤浙能集团麻家梁煤矿年产 1200 万吨矿建工程（矿井及井巷采区建设）

山西西山晋兴能源有限责任公司斜沟煤矿福利楼工程获煤炭行业工程质量"太阳杯"奖

碧桂园 – 玖玺臺，总建筑面积 319300m²

兰亭御湖城住宅小区工程，建筑面积 227418m²，2016 年 8 月荣获中国煤炭建设协会颁发的"十佳项目监理部"，2012 年 1 月获太原市住房和城乡建设委员会"2011 年度太原市建筑施工安全质量标准化优良基地"

刚果（金）SICOMINES 铜钴矿采矿工程（采场及排土场内采剥工程、地质勘探工程、测量工程、边坡工程、疏干排水工程及其他零星工程）（左）国贸效果图（右）

碧桂园·凤麟府项目，工程规模 200000m²　西山晋兴能源斜沟煤矿年产 1500 万吨选煤厂工程

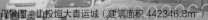

背景图：山投恒大青运城（建筑面积 442346.8m²）

贵州建工监理咨询有限公司
Guizhou Construction Supervision&Consulting Co.,Ltd

工程名称：长征片区棚户区改造工程项目
工程地点：遵义市红花岗区长征镇客运总站对面

"贵州建工监理咨询有限公司"原为贵州省住房和城乡建设厅下属"贵州建筑技术发展研究中心"，于1994年6月成立的"贵州建工监理公司"，1996年经建设部审定为甲级监理企业，是贵州省首家监理企业、首家甲级监理企业、首批诚信示范企业、贵州省建筑企业100个骨干企业。公司注册资本800万元人民币。1994年加入中国建设监理协会，系中国建设监理协会理事单位。2001年加入贵州省建设监理协会，系贵州省建设监理协会副会长单位。从2006年至今连续荣获贵州省"守合同、重信用"单位称号。并荣获全国"先进工程建设监理单位"的称号。1999年12月通过ISO9001国际质量认证，是贵州省首家通过ISO9001国际质量认证的监理企业，2007年3月完成企业改制工作，现为有限责任公司。

公司业务及资质范围包括：工业与民用工程监理甲级、市政公用工程监理甲级、工程项目管理甲级、工程造价咨询甲级、工程招标代理甲级、机电安装工程乙级、公路工程监理乙级、水利水电工程监理乙级、通信工程监理乙级、地质灾害防治工程监理乙级、人防工程监理乙级、地质灾害危险性评估丙级。先后在全国各地承接项目4000余项，已完成监理项目3400项目。

公司现有1000余名具有丰富实践经验和管理水平的高、中级管理人员和长期从事工程建设实践工作的工程技术人员。此外，公司还拥有一批贵州省建设领域知名专家和学者，人员素质高、能力强，在专业配置、管理水平、技术装备上都有较强的优势，并且成立了各个专业的独立专家库。公司通过多年的技术及经验积累，会同公司专家及技术人员共同编撰了《监理作业指导纲要汇总》《项目监理办公标准化》《建筑工程质量安全监理标准化工作指南》《建设工程监理文件资料编制与管理指南》《监理工作检查考评标准化》《监理工作手册》等具有自有知识产权的技术资料。在信息化应用方面，公司使用GPMIS监理项目信息管理系统软件开展监理服务工作，动态监控在监项目在建设过程中出现的各种技术问题和管理问题，为建设单位提供切实可行的、具有针对性的合理化建议和实施方案。

在今后的发展过程中，我们将以更大的热忱和积极的工作态度，整合高素质的技术与管理人才，不断改进和完善各项服务工作，本着"诚信服务、资源整合、持续改进、科学管理"的服务方针，竭诚为广大业主提供更为优质的咨询服务，并朝着技术一流、服务一流、管理一流的现代化服务型企业而不懈努力和奋斗。

工程名称：天合中心项目
工程地点：贵阳市双龙新区龙水路以南、机场路以西交汇处

工程名称：凯里东方广场建设项目
工程地点：黔东南州大十字街道韶山南路以西

工程名称：安顺市人民医院第一分院
工程地点：关岭自治县顶云新区

工程名称：保利未来城市B2地块七组团
工程地点：遵义市遵南大道中段西侧

工程名称：毕节市梨树高铁客运枢纽中心项目
工程地点：毕节市金海湖新区梨树镇

工程名称：万润·温泉新城项目2018-2-1号地块（二标段）
工程地点：印江县岩底村南环路以北、梵净山路以南

工程名称：贵州师范学院师范教育实践训练中心综合楼
工程地点：贵阳市乌当区高新路115号

郑州西四环互通式立交

驻马店置地国际广场

西安锦界园区锦新大桥及道路工程

常德市市委党校

青海省西宁市巴燕人民法庭

西安大明宫养老社区

新乡市凤泉湖引黄调蓄及配套工程

云南省昆明市盘龙区图书馆室装修

扶沟全民体育中心

哈密市伊州区人民医院

河北雄安绿博园邢台林、邢 湖南岳常高速
台园项目

中元方工程咨询有限公司
Zhong YF Engineering Consulting Co., Ltd

明心之道，谓中之直
处事之则，唯元之周
立身之本，为方之正

中元方工程咨询有限公司成立于 1997 年，是一家专业提供工程监理、招标代理、工程造价等项目管理和工程咨询的综合性企业，是中国建设监理协会理事单位、河南省建设监理协会副会长单位。公司现拥有综合资质覆盖房屋建筑工程、市政公用工程、水利水电工程等 14 项工程资质。多年执着追求与探索，从周口迈向全国，传承 21 年成功的品牌业绩以及良好的市场信誉。

历年来公司积极支持政府主管部门和协会的工作，在经营过程中能模范遵守和执行国家有关法律、法规、规范及省行业自律公约、市场行为规范，认真履行监理合同，做到了"守法、诚信"，获得了良好的经济效益和社会效益。在各级领导的关心支持和全体员工的共同努力下，公司已发展成为全国具有较强综合竞争力的工程咨询服务企业。公司始终以"尽职尽责，热情服务"为核心价值观念，恪守职业道德，以服务提升品牌，以创新为动力，以人才为基石，努力促进行业的广泛交流与合作。

创业为元，守誉为方，上善若水，责任至上。中元方工程咨询有限公司必将以"公正严格、科学严谨、服务至上"的精神服务于社会，以客户需求为我们服务的焦点，为政府服务，做企业真诚的合作伙伴，望与各界朋友携手，共创美好的明天！

综合资质：

房屋建筑工程	铁路工程
冶炼工程	公路工程
矿山工程	港口与航道工程
化工石油工程	航天航空工程
水利水电工程	通信工程
电力工程	市政公用工程
农林工程	机电安装工程

地　址：周口川汇大道与新民路交叉口向南
　　　　100 米翰墨艺术中心 4 号楼三楼
邮　编：466000
联系方式：0394-6196666/8368806
邮　箱：izhongyuanfang@163.com
网　址：http://www.zyf1997.com

欢迎扫描中元方微信

中咨工程管理咨询有限公司

中咨工程管理咨询有限公司（原中咨工程建设监理有限公司）成立于1989年，是中国国际工程咨询有限公司的核心骨干企业，注册资金1亿元。公司是国内从事工程管理类业务最早、规模最大、行业最广、业绩最多的企业之一。为顺应行业转型发展的需要，公司于2019年更名为中咨工程管理咨询有限公司（简称"中咨管理"）。

中咨管理具有工程咨询甲级资信、工程监理综合资质以及设备、公路工程、地质灾害防治工程、人民防空工程等多项专业监理甲级资质和工程造价咨询乙级等资质，并列入政府采购招标代理机构和中央投资项目招标代理机构名单。公司具备完善的工程咨询管理体系和雄厚的专业技术团队，通过了ISO 9001:2015质量管理体系、ISO 14001:2015环境管理体系和ISO45001:2018职业健康安全管理体系认证；现有员工约3800人，其中具备中高级职称人数2100多人，各类执业资格人员近1600人。

业务涵盖工程前期咨询、项目管理、项目代建、招标代理、造价咨询、工程监理、设备监理、设计优化、工程质量安全评估咨询等项目全过程咨询服务。行业涉及房屋建筑、交通（铁路、公路、机场、港口与航道）、石化、水利、电力、冶炼、矿山、市政、生态环境、通信和信息化等多个行业。

公司设有24个分支机构，业务遍布全国及全球近50个国家和地区，累计服务各类咨询管理项目超过10000个，涉及工程建设投资近5万亿元。包括国家千亿斤粮库工程、国家体育场（鸟巢）、首都机场航站楼、杭州湾跨海大桥、京沪高铁、雄安高铁站、京新（G7）高速公路、武汉长江隧道、大飞机工程、空客A320系列飞机中国总装线、岭澳核电站、红沿河核电站、天津北疆电厂、百万吨级乙烯、千万吨级炼油、武汉国际博览中心、雄安市民服务中心、重庆三峡库区地质灾害治理、深圳大运中心，以及全国23个大中型城市轨道项目等众多国家重点工程，还有国际工程埃塞俄比亚铁路、老挝万万高速公路、孟加拉卡纳普里河底隧道、哈萨克斯坦阿斯塔纳市轻轨、缅甸达贡山镍矿等一大批海外项目的工程监理、项目管理、造价咨询等服务，其中荣获50项中国建设工程鲁班奖、10项中国土木工程詹天佑奖、51项国家优质工程奖以及各类省级或行业奖项400余项。

经过30年的不懈努力，我们积累了丰富的工程管理经验，为各类工程建设项目保驾护航，"中咨监理"品牌成为行业的一面旗帜。为适应高质量发展的需要，公司制定了"122345"发展战略，以全过程工程管理咨询领先者为发展目标，加快推进转型升级和现代企业制度建设，着力改革创新，做活、做强、做优，坚持走专业化、区域化、集团化、国际化的发展道路，大力开展人才建设工程、平台建设工程、技术研发与信息化建设工程、品牌建设工程、企业文化建设工程等五大专项建设工程，矢志不渝地为广大客户提供优质、高效、卓越的专业服务，为国家经济建设和社会发展做出积极贡献。

背景图：埃塞俄比亚的斯亚贝巴至吉布提铁路项目

首都机场三号航站楼　　　　　　雄安市民服务中心项目

鄂尔多斯机场项目　　　　　　武汉国际博览中心项目

中国移动信息港项目　　　　　　中央储备粮库镇江直属库

南昌万达城项目　　　　　　辽宁盘锦乙烯项目

大连南部滨海大道工程　　　　　　张家界经吉首至怀化铁路项目

北京地铁6号线西延工程　　　　　　三亚市妇幼保健院项目

于家堡金融区起步区03~16　上海鲁能JW万豪侯爵　埃及城市之星项目
地块及地下空间项目工程　酒店项目

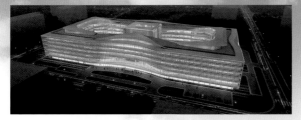

新浪总部大楼（美国绿色建筑 LEED 铂金级预认证）

富力国际公寓（中国建设工程   邯郸美的城（河北省结构优质工程奖）
鲁班奖）

北京富力城（北京市结构长城杯工   智汇广场（广东省建设工程优质奖）
程金质奖）

国贸中心项目（2 标段）（广东省建设工程优质结构奖）

广州市荔湾区会议中心（广州市优良样板工程奖）

联投贺胜桥站前中心商务区（咸宁市建筑结构优质工程奖）

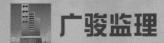 广骏监理

广州广骏工程监理有限公司

广州广骏工程监理有限公司成立于 1996 年 7 月 1 日，是一家从事工程监理、招标代理等业务的大型综合性建设管理企业。公司现有员工近 500 人，设立分公司 20 个，业务覆盖全国 20 个省、40 余个城市。

公司现已取得房屋建筑工程监理甲级、市政公用工程监理甲级、电力工程监理乙级、机电安装工程监理乙级、广东省人民防空工程建设监理乙级、广东省工程建设招标代理行业 AAA 级等资质资信。

公司现有国家注册监理工程师、一级注册建造师、注册造价工程师等各类国家注册人员近 100 人，中级或以上职称专业技术人员 100 余人，近 10 人获聘行业协会、交易中心专家，技术力量雄厚。

公司先后承接商业综合体、写字楼、商场、酒店、公寓、住宅、政府建筑、学校、工业厂房、市政道路、市政管线、电力线路、机电安装等各类型的工程监理、招标代理、造价咨询项目 500 余个，标杆项目包括新浪总部大楼、国贸中心项目（2 标段）、广州富力丽思卡尔顿酒店、佛山中海寰宇天下花园等。

公司现为全国多省市 10 余个行业协会的会员单位，并担任广东省建设监理协会理事单位、广东省建筑业协会工程建设招标投标分会副会长单位、广东省现代服务业联合会副会长单位。公司积极为行业发展做出贡献，曾协办 2018 年佛山市顺德区建设系统"安全生产月"活动、美的置业集团 2018 年观摩会等行业交流活动。

公司成立至今，屡次获得广东省现代服务业 500 强企业、广东省"守合同重信用"企业、广东省诚信示范企业、广东省优秀信用企业、广东省"质量 服务 信誉"AAA 级示范企业、中海地产 A 级优秀合作商、美的置业集团优秀供应商等荣誉称号。公司所监理的项目荣获中国建设工程鲁班奖（国家优质工程）、广东省建设工程优质奖、广东省建设工程金匠奖、北京市结构长城杯工程金质奖、天津市建设工程"金奖海河杯"奖、河北省结构优质工程奖、江西省建设工程杜鹃花奖、湖北省建筑结构优质工程奖等各类奖项 100 余项。

公司逐步引进标准化、精细化、现代化的管理理念，先后获得 ISO9001 质量管理体系认证证书、ISO14001 环境管理体系认证证书和 OHSAS18001 职业健康安全管理体系认证证书。近年来，公司立足长远，不断创新管理模式，积极推进信息化，率先业界推行微信办公、微信全程无纸化报销，并将公司系统与大型采购平台及服务商对接，管理效率大幅提高。

公司鼓励员工终身学习、大胆创新，学习与创新是企业文化的核心。而全体员工凭借专业服务与严谨态度建立的良好信誉更是企业生存发展之根本。

公司发展壮大的历程，是全体员工团结一致、共同奋斗的历程。未来，公司将持续改善管理，积极转型升级，全面提升品牌价值和社会影响力，为发展成为行业领先、全国一流的全过程工程咨询领军企业而奋力拼搏。

微信公众号

西安铁一院
工程咨询监理有限责任公司
XI' AN ENGINEERING CONSULTANCY&SUPERVISION CO.,LTD.FSDI

西安铁一院工程咨询监理有限责任公司是国内大型工程咨询监理企业之一，现为国有控股企业，总部位于西安市高新区。公司现具有铁路工程监理甲级、公路工程监理甲级、市政公用工程监理甲级、房屋建筑工程监理甲级等多项资质；通过了ISO9001\ISO14001\OHSAS18001三体系认证。

作为中铁第一勘察设计院集团下属子公司，公司具有得天独厚的人力、技术和管理等资源优势。现有员工1500余人，其中技术人员占比约80%、持有各类执业资格证书人员1200余人次。先后有48人次分别入选铁道部、西安铁路局、陕西省工程招标评标委员会评委会专家。

公司现为中国建设监理协会、中国土木工程学会、中国铁道工程建设监理协会等多家会员单位，是陕西省建设监理协会副会长单位。先后多次荣获西安市、陕西省、中国铁道工程建设监理协会及中国工程监理行业"先进工程监理企业"称号。先后被市级、省级工商局和国家工商总局授予"守合同重信用企业"；荣获陕西省A级纳税人称号。

公司成立至今累计承担了多项大中型国家重点工程建设项目的建设任务，参建工程荣获多项荣誉。近年来荣获国家级奖项：京津城际铁路获中国建设工程鲁班奖、新中国成立60周年100项经典暨精品工程奖、第九届中国土木工程詹天佑奖、百年百项杰出土木工程奖；福厦铁路获百年百项杰出土木工程奖、福州南站获中国建设工程鲁班奖；新建合武铁路湖北段获第十届土木工程詹天佑奖；西安市西三环路获2011年中国市政金杯奖；重庆轨道交通三号线二期工程获2013年度中国市政金杯奖；哈大客专四电系统集成通信信号系统、石武客专湖北段分获2014—2015年度国优奖；无锡地铁1号线、南昌地铁1号线分获2016—2017年度国优金质奖；南京地铁、哈大客专电力及牵引供电系统分获2016—2017年度国优奖；沪昆客专湖南段四电系统集成及相关工程、云桂铁路（云南段）东风隧道分获2018—2019年度国优奖；哈大客专获第十四届詹天佑奖；西安地铁1号线获2015—2016年度中国安装工程优质奖。省部级奖项有：京津城际铁路获2009年度火车头优质工程一等奖；西安市西三环路获2009年度陕西省市政金杯示范工程；重庆轻轨3号线观音桥至红旗河沟区间隧道及车站工程获2010年度重庆市三峡杯优质结构工程奖、嘉陵江大桥项目获2011年度"巴渝杯"3号线一期、二期工程分获2012年度"巴渝杯"，3号线二期工程获2013年度重庆市政金杯奖；无锡地铁1号线、南京地铁机场线分获2015年度江苏省"扬子杯"；沪昆客专贵州段凯里南站站房及相关工程获2015年度贵州省"黄果树杯"；深圳地铁7号线BT项目获2015年广东省优质结构工程奖；无锡地铁2号线获2016年度江苏省"扬子杯"；陕西大剧院获2017年陕西省建筑优质结构工程奖；重庆轨道交通3号线北延段获2017年度重庆市政金杯奖；深圳地铁7号线（黄岗村站、福民站）及深圳地铁7号线7603标（交通疏解工程——含路灯改迁及恢复工程）获2017年度下半年深圳市优质结构工程奖；深圳地铁7号线（福民－皇岗口岸区间、皇岗口岸站、皇岗口岸－福邻区间）获2018年深圳市优质工程奖；广州地铁13号线荣获2018年广州市建设工程优质奖；重庆地铁4号线获2018年度重庆市山城杯安装工程优质奖等。

公司从铁路工程建设监理起家，历经多年扎实耕耘、创新发展，现已成为国内一流综合监理企业，业务范围覆盖铁路、城轨、市政等多领域工程的咨询监理，涉足秘鲁、斯里兰卡、巴基斯坦等海外市场，并积极向全过程咨询、项目管理等领域转型发展。公司坚持以习近平新时代中国特色社会主义思想为指导，紧抓改革新机遇，一如既往秉持"和谐、高效、创新、共赢"的企业精神，以精湛的技术、先进的管理、良好的信誉竭诚为业主提供一流服务，为工程建设行业做出应有贡献，更好践行企业社会责任。

地　址：西安市高新区丈八一路1号汇鑫IBC大厦D座6层
邮　编：710065
电　话：029-81770772、81770773（fax）
邮　箱：jlgs029@126.com
网　址：www.fccx.com.cn
招　聘：jlgszhaopin@126.com　029-81770791、81770794

参建中国首条准高速铁路——秦沈客专

参建中国首条跨坐式轻轨工程——重庆轻轨2号线

参建中国首条时速350公里高速铁路——京津城际铁路

参建世界上首条修建在大面积湿陷性黄土地区的高速铁路——郑西客专

参建世界上首条修建在高寒季节性冻土地区的长大高速铁路——哈大客专

参建世界上首条修建在黄土地区的地铁——西安地铁2号线

参建中国首条穿越秦岭的高速铁路——西成客专陕西段

参建中国首条城际地铁——广佛地铁

参建中国首个竞标成功的海外工程咨询项目——利马地铁2号线

参建陕西大剧院（荣获2018年中国建设工程鲁班奖）

参建世界最长、中国首座跨海公铁两用大桥——平潭海峡公铁两用大桥

贵州三维工程建设监理咨询有限公司

贵阳市轨道交通 1 号线

贵州三维工程建设监理咨询有限公司是一家专业从事建设工程技术咨询管理的现代服务型企业。公司创建于 1996 年，注册资金 800 万元，现具备住建部工程监理综合资质、工程造价咨询甲级资质、工程招标代理甲级资质；交通部公路工程监理甲级资质；国家人防办人防工程监理甲级资质；贵州省住建厅工程项目管理甲级资质。可在多行业领域开展工程监理、招标代理、造价咨询、项目管理、代建业务。

公司现拥有各类专业技术及管理人员逾 800 人，其中各类注册执业工程师达 200 人。多年来承担了近千项工程的建设监理及咨询管理任务，总建筑面积逾千万平方米，其中数十项获得国家、省、市优质工程奖，有 5 个项目荣获国家"鲁班奖"（国家优质工程）。

公司先后通过了 ISO 9001：2000 质量管理体系认证，ISO 14000 环境管理体系认证，GB/T 28001—2001 职业健康安全管理体系认证。连续多年获得"守合同、重信用"企业称号，获得过国家建设部（现住建部）授予的先进监理单位称号，中国建设监理协会授予的"中国建设监理创新发展 20 年工程监理先进企业"称号，贵州省建设监理协会多次授予的"工程监理先进企业"称号。公司是中国建设监理协会理事单位、贵州省建设监理协会副会长单位。

三维人不断发扬"忠诚、学习、创新、高效、共赢"的企业文化精神，致力于为建设工程提供高效的服务，为客户创造价值，最终将公司创建成为具有社会公信力的百年企业。

贵阳大剧院
贵阳大剧院，建筑面积 36400m²，是一个以 1498 座剧场和 715 座的音乐厅为主的文化综合体，是贵阳市城市建设标志性建筑。项目荣获 2007 年度中国建筑工程鲁班奖（国家优质工程），同时是贵州省首个获得中国建设监理协会颁发"共创鲁班奖工程监理企业"证书的监理项目

贵阳国际生态会议中心
贵阳国际生态会议中心是国内规模最大、设施最先进的智能化生态会议中心之一，可同时容纳近万人开会。通过美国绿色建筑协会 LEED 白金级认证和国家绿色三星认证。工程先后获得"第八届中国人居典范建筑规划设计竞赛"金奖，2013 年度中国建设工程鲁班奖（国家优质工程）等奖项

贵州省思剑高速公路舞阳河特大桥

贵州省电力科研综合楼
贵州省电力科研综合楼，坐落于贵阳市南明河畔，荣获 2000 年度中国建筑工程鲁班奖（国家优质工程），是国家推行建设监理制以来贵州省第一个获此殊荣的项目

贵州省人大常委会省政府办公楼
贵州省人大常委会省政府办公楼，位于贵阳市中华北路，荣获 2009 年度中国建设工程鲁班奖（国家优质工程）。项目从拆迁至竣工验收，实际工期 377 天，创造了贵州速度，是贵州省工程项目建设"好安优先、能快则快"的典型代表。贵州省人大常委会办公厅、贵州省人民政府办公厅联合授予公司"工程卫士"荣誉锦旗

贵州省委办公业务大楼
贵州省委办公业务大楼位于南明河畔省委大院内，建筑面积 55000m²，荣获 2011 年度中国建设工程鲁班奖（国家优质工程），中共贵州省委办公厅授予公司"规范监理、保证质量"铜牌

贵州省镇胜高速公路肇兴隧道
贵州高速公路第一长隧，全长 4752m，为分离式左右隧道

下图：铜仁机场
铜仁凤凰机场改扩建项目位于贵州省铜仁市大兴镇铜仁凤凰机场内，建筑面积为 20000m²（含国内港和国际口岸），为贵州省首个开通国际航线的地州市级机场

江苏赛华建设监理有限公司

江苏赛华建设监理有限公司系原中国电子工业部所属企业，成立于 1986 年，原名江苏华东电子工程公司（监理公司）。公司是建设部批准的首批甲级建设监理单位、全国先进监理企业、江苏省示范监理企业；是质量管理体系认证、职业健康安全管理体系认证和环境管理体系认证企业。2003 年整体改制为民营企业。

公司现有专业监理人员 500 多人，其中国家级注册监理工程师 90 余人，高级工程师 60 余人，工程师近 230 人。

公司所监理的工程项目均采用计算机网络管理，并配备常规检测仪器、设备。

公司成立 30 多年来，先后对 200 余项国家及省、市重点工程实施了监理，监理项目遍布北京、上海、深圳、西安、成都、石家庄、厦门、汕头、南京、苏州、无锡等地。工程涉及电子、邮电、电力、医药、化工、钢铁工业及民用建筑工程，所监理的工程获鲁班奖、国优、省优、市优等多个奖项，累计监理建筑面积 4000 多万平方米，投资规模 3000 多亿元。公司于1995 年被建设部评为首届全国建设监理先进单位，并蝉联 2000年第二届全国建设监理先进单位称号，2012 年被评为"2011—2012 年度中国工程监理行业先进工程监理企业"，2014 年被评为"2013—2014 年度中国工程监理行业先进工程监理企业"。

作为中国建设监理行业的先行者，江苏赛华建设监理有限公司不满足于已经取得的成绩，将继续坚持"守法、诚信、公正、科学"的准则，秉承"尚德、智慧、和谐、超越"的理念，发挥技术密集型的优势，立足华东、面向全国、走向世界，为国内外客户提供优质服务。

地　址：江苏省无锡市湖滨路 688 号华东大厦
电　话：0510-85106497　0510-85115166
传　真：0510-85119567
网　址：http://www.china-3hsh.com/
邮　箱：jshd@china-3h.com

无锡银辉广场

桑田岛

无锡茂业城

无锡硕放机场

无锡太湖饭店

盛高地产金匮里

江苏省中医院

内蒙古革命历史博物馆项目（项目管理、监理、招标、造价一体化）

重庆巴士股份有限公司总部大厦（设计、项目管理、监理、招标、造价一体化）

金湖县城南低碳生态新城文化艺术中心（项目管理）

重庆轨道交通工程（监理）

红岩村隧道图

凉城县岱海滑雪场项目（项目管理、监理、招标、造价一体化）

中国汽车工程研究院汽车技术研发与测试基地建设项目（项目管理、监理、招标、造价一体化）

重庆珊瑚水岸（监理）

重庆联盛建设项目管理有限公司

重庆联盛建设项目管理有限公司，原为重庆长安建设监理公司，成立于 1994 年 7 月，2003 年 5 月改制更名。公司于 2008 年取得工程监理综合资质，同时还具有工程建设技术咨询等众多资质。可为业主提供工程建设项目管理、建设工程监理、招标代理、工程造价咨询、工程咨询、设备工程监理、信息系统工程监理等工程建设管理全过程技术咨询服务。

公司培养造就了一支具有较高理论水平及丰富实践经验的优秀的员工队伍，拥有完善的信息管理系统和软件，装备有精良的检测设备和测量仪器。具有熟练运用国际项目管理工具与方法的能力，可以为业主提供全过程、全方位、系统化的项目综合管理服务。公司秉承"以人为本、规范管理、提升水平、打造品牌"的管理理念，通过系统化、程序化、规范化的管理，实现了市场占有率、社会信誉以及综合实力的快速提升，25 年来公司得以稳步发展。

公司是全国建设监理行业百强企业，连续多年荣获国家及重庆市监理、招标代理及工程造价先进企业，共创鲁班奖先进企业，抗震救灾先进企业，国家级守合同重信用企业等殊荣。2012 年及 2014 年连续两届同时获得了"全国先进监理企业""全国工程造价咨询行业先进单位会员"和"全国招标代理机构诚信创优 5A 等级"。2014 年 8 月，公司获得住房与城乡建设部颁发的"全国工程质量管理优秀企业"称号，全国仅 5 家监理企业获此殊荣。

公司监理或实施项目管理的项目荣获"中国建筑工程鲁班奖""中国土木工程詹天佑奖""中国钢结构金奖""国家优质工程奖""中国安装工程优质奖""全国市政金杯示范工程奖"等国家及省市级奖项累计达 500 余项。由公司提供项目管理咨询服务的内蒙古少数民族群众文化体育运动中心项目，荣获 IPMA 2018 国际项目管理卓越奖（大型项目）金奖，成为荣膺国际卓越项目管理大奖的全球唯一项目管理咨询企业，公司也因此获得了重庆市住房与城乡建设委员会的通报表彰。

面对建筑业未来的改革发展，公司将以饱满的激情和昂扬的斗志迎接挑战，以创新求发展，提升品牌、再铸辉煌，为行业的发展做出积极的贡献！

内蒙古少数民族群众文化体育运动中心项目为内蒙古自治区 70 周年大庆主会场，于 2018 年荣获国际项目管理卓越大奖（项目管理、监理、招标、造价一体化、含 BIM 技术）

地　址：重庆市北部新区翠云云柏路 2 号 9 层
电　话：023-61896650
传　真：023-61896650
网　址：www.cqliansheng.com

中国建设监理协会机械分会

机械监理

东方电气（广州）重型机器有限公司（詹天佑奖）

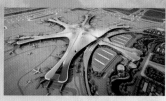

北京新机场停车楼、综合服务楼

锐意进取　开拓创新

伴随着中国改革开放和经济高速发展，建设监理制度已经走过了30年历程。

30年来，建设工程监理在基础设施和建筑工程建设中发挥了重要作用，从南水北调到西气东输，从工业工程到公共建筑，监理企业已经成为工程建设各方主体中不可或缺的主力军，为中国工程建设起到保驾护航的作用。工程监理制给中国改革开放、经济发展注入了活力，促进了工程建设的大发展，有力地保障了工程建设各目标的实现，推动了中国工程建设管理水平的不断提升，造就了一大批优秀监理人才和监理企业。

中国建设监理协会机械分会，会员单位均为国有企业，具有雄厚的实力、坚实的监理队伍、现代化的企业管理水平。会员单位均具有甲级及以上监理资质，综合资质占30%左右，承担了中国从机械到电子信息行业多数国家重点工程建设监理工作，如新型平板显示器件、半导体、汽车工业、北京新机场、大型国际医院等工程，取得多项国优、鲁班奖、詹天佑奖等荣誉奖。

机械分会在中国建设监理协会的指导下，发挥桥梁纽带作用，组织、联络会员单位，参加行业相关活动，开展行业标准制定和相关课题研究，其中包括项目管理模式改革、全过程工程咨询、工程监理制度建设等，为政府政策制定建言献策。

砥砺奋进30载。中国特色社会主义建设已经进入新时代，我们要把握新时代发展的特点，紧紧围绕行业改革发展大局，认真贯彻落实党的十九大精神，扎实开展各项工作，推动行业健康有序发展，不断提升会员单位的工程项目管理水平，为中国工程建设贡献力量。

北京通州运河核心区能源中心

铜川照金红色旅游名镇（文化遗址保护）

博地世纪中心

郑州市下穿中州大道隧道工程

1. 北京华兴建设监理咨询有限公司　东方电气（广州）重型机器有限公司建设项目

2. 北京希达建设监理有限责任公司　北京新机场停车楼、综合服务楼项目

3. 北京兴电国际工程管理有限公司　北京通州运河核心区能源中心

4. 陕西华建工程监理有限责任公司　铜川照金红色旅游名镇

5. 浙江信安工程咨询有限公司　博地世纪中心项目

6. 郑州中兴工程监理有限公司　郑州市下穿中州大道隧道工程

7. 西安四方建设监理有限公司　中节能（临沂）环保能源有限公司生活垃圾、污泥焚烧综合提升改扩建项目

8. 京兴国际工程管理有限公司　中国驻美国大使馆新馆项目（项目管理+工程监理）

9. 合肥工大建设监理有限责任公司　马鞍山长江公路大桥右汊斜拉桥及引桥项目

10. 中汽智达（洛阳）建设监理有限公司　上汽宁德乘用车宁德基地项目

中节能（临沂）环保能源有限公司生活垃圾、污泥焚烧综合提升改扩建

中国驻美国大使馆新馆（项目管理+工程监理）

马鞍山长江公路大桥右汊斜拉桥及引桥

上汽宁德乘用车宁德基地

深圳市监理工程师协会
SHENZHEN PROJECT MANAGEMENT ENGINEERS ASSOCIATION

深圳市委于 2018 年 6 月授予深圳市监理行业党委"先进基层党组织"称号

深圳市住建局于 2018 年 2 月授予深圳监理协会"深圳住建系统先进协会"称号

党建 会建 廉建 齐头并进
聚智 凝心 汇力 砥砺前行

深圳市社会组织总会于 2018 年 1 月授予深圳市监理工程师协会为深圳社会组织"风云榜社会组织"称号

深圳市纪委、市民政局于 2018 年 3 月联合授予深圳市工程监理行业党委"深圳市行业自律试点工作先进单位"称号

深圳市监理工程师协会成立于 1995 年 12 月，在 20 多年的发展过程中一直秉承为会员服务、反映会员诉求、规范会员行为的服务宗旨，目前有企业会员 200 余家，从业人员 2.5 万余名。

2015 年 12 月，在市两新组织党工委、市社会组织党委和市住建局的关怀下，深圳市工程监理行业党委（下称"监理行业党委"）正式成立，从成立至今，行业党委着力于推进基层党组织建设，以党建为引领，将党建工作嵌入行业管理，提升党建覆盖率；把"两学一做"融入工程监理工作，发挥基层党组织的战斗堡垒作用；以廉洁从业为抓手，规范行业自律，推行廉洁自律六项禁止；实施联合激励联合惩戒，积极开展与城市行业协会的交流协作。

一、三建共融，开展行业廉洁从业工作

在市两新组织纪工委、社会组织党委及政府相关主管部门指导下，在深圳市工程监理行业党委的领导下，成立行业自律组织"深圳监理行业廉洁从业委员会"，依托监理协会开展行业廉洁从业工作，制定了行业廉洁从业委员会工作规则，深入开展行业廉洁从业工作。全面签署《深圳监理行业廉洁自律公约》，接受监理行业廉洁自律公约约束和市监理行业廉洁从业委员会的行业自律管理；推行《深圳市监理行业廉洁自律六项禁止》，推进行业廉洁从业制度化、常态化建设；实施《深圳市工程监理企业信用管理办法（试行）》和《深圳市工程监理从业人员管理办法（试行）》，开展监理企业信用评价和从业人员信用管理，2018 年 1 月正式启动全市监理企业信用评价工作，对监理企业信用开展初始评价、实时评价和阶段评价。

二、三力齐聚，实施联合激励联合惩戒

在市住建局的指导和支持下，协会致力于推动实现"监理企业信用评价与政府主管部门信用管理制度相衔接，监理企业信用评价成果与监理招标的衔接，监理行业廉洁自律惩戒与政府惩戒机制相衔接"三个衔接，把守信联合激励和失信联合惩戒机制落到实处，并同时建议所有招标人在监理招标过程中，同等情况下优先选择已签订《深圳市监理行业廉洁自律公约》且信用等级较高的监理企业和信用较好的从业人员，有效推动了企业信用评价成果的应用。目前，《深圳市工程监理企业信用管理办法（试行）》将与市住建局建筑市场信用管理办法接轨工作正在进行中，这是实现"三个衔接"的重要环节。

深圳市召开全市工程监理行业廉洁从业工作会议

政府、协会、企业形成合力，协会"三建共融，三力齐聚"的做法，在创新办会模式、实现资源共享、增强廉洁自律威慑、维护监理市场秩序、宣传工程监理制度、推动行业转型升级等方面发挥了重要作用，受到了深圳市委、市纪委、民政局、住建局和社会组织总会的肯定及表彰。

深圳市工程监理行业党委
深圳市监理工程师协会

10 名监理企业领导代表所有在深从业的监理企业在会议现场上签署自律公约

中国建设监理协会王早生会长、温健副秘书长莅临深圳监理协会调研指导工作

深、汉、杭、穗、蓉、津、沈、镐（西安）、哈九城城市工程监理行业协会签署《城市工程监理行业自律联盟活动规则》

太原机场荣获 1995 年度中国建筑工程"鲁班奖"

山西省建设监理有限公司
SHANXI CONSTRUCTION SUPERVISION CO.,LTD

太旧高速公路荣获 1996 年度中国建筑工程"鲁班奖"

中国建行山西分行综合营业大厦荣获 2000 年度中国建筑工程"鲁班奖"

山西省国税局业务综合楼荣获 2002 年度中国建筑工程"鲁班奖"

鹳雀楼荣获 2003 年度中国建筑工程"鲁班奖""詹天佑土木工程大奖"

山西省博物馆荣获 2006 年度中国建筑工程"鲁班奖"

山西省建设监理有限公司的前身是原隶属于山西省建设厅的国有企业——山西省建设监理总公司。公司成立于 1993 年，是国内同行业内较早完成国企改制的先行者之一。公司注册资本 1000 万元。

山西省建设监理有限公司具有工程监理综合资质，业务覆盖国内大中型工业与民用建筑工程、市政公用工程、冶炼工程、化工石油工程、公路工程、铁路工程、机电安装工程、通信工程、电力工程、水利水电工程、农田整理工程等所有专业工程监理服务。

公司已通过 GB/T 19001—2016/ISO 9001：2015 质量管理体系、GB/T 24001—2016/ISO 14001：2015 环境管理体系、GB/T 20C1—2011/OHSAS 18001：2007 职业健康安全管理体系"三体系"认证。公司被评为中国建设监理创新发展 20 年工程监理先进企业""三晋工程监理企业二十强"；多次荣获"中国工程监理行业先进工程监理企业""山西省工程监理先进企业""山西省安全生产工作先进单位""山西省重点工程建设先进集体"等荣誉称号，是行业标准、地方标准参编单位之一。

自公司成立以来，在公司名誉董事长、中国工程监理大师田哲远先生的正确引领下，全体干部职工团结一致、艰苦创业，已将公司建设成为国内监理行业具有影响力的企业。在国家重点项目、地方基础设施、民生工程建设方面取得了令人瞩目的业绩和荣誉。公司多次紧抓国家及地方经济建设战略发展机遇，参与了多项省内重点工程建设。完成各类监理项目 4000 余项，监理项目投资总额 3000 亿元公司所监理的项目荣获"中国建设工程鲁班奖""国家优质工程奖""中国钢结构金奖""山西省建设工程汾水杯奖""山西省优良工程"等各类奖项 300 余项。

公司拥有一支久经考验、经验丰富的专业团队。在公司现有的 1000 余名员工中，汇集了众多工程建设领域专家和工程技术管理人员，其中高、中级专业技术人员占比达 90% 以上；一级注册结构工程师、注册监理工程师、一级注册建造师、注册造价工程师、注册设备监理师等共计 152 名。公司高层高瞻远瞩，注重人才战略规划，为公司可持续发展提供了不竭动力。

公司始终遵循"严格监理、一丝不苟、秉公办事、热情服务"的原则；贯彻"科学、公正、诚信、敬业，为用户提供满意服务"的方针；发扬"严谨、务实、团结、创新"的企业精神，彰显独特的"品牌筑根、创新为魂；文化兴业、和谐为本；海纳百川、适者力能"24 字企业文化精髓，一如既往地竭诚为社会各界提供优质服务。

企业 20 余年的发展基业来之不易。展望未来，我们将发扬敢于担当、敢于拼搏的团队精神，以满足顾客需求为目标，以促进企业发展为己任，弘扬企业文化精神，专注打造企业发展核心动力。有我们在，让客户放心；有我们在，让政府省心；有我们在，让员工舒心。

欢迎社会各界朋友的加入！发展没有终点，我们永远在路上！

新建太原机场航站楼，荣获 2009 年度中国建筑工程"鲁班奖"

中国煤炭交易中心 2012—2013 年度中国建筑工程"鲁班奖"　煤炭交易中心展览中心

中国人民银行太原中心支行附属楼 2010—2011 年度中国建筑工程"鲁班楼"　中美清洁能源

CORPORATE CULTURE SPIRIT
企业文化精神
品牌筑根　创新为魂
文化兴业　和谐为本
海纳百川　适者为能

▶公司原则
严格监理、一丝不苟
秉公办事、热情服务

▶公司方针
为用户提供满意的监理服务
科学　公正　诚信　敬业

山西省建设监理有限公司
SHANXI CONSTRUCTION SUPERVISION CO LTD
电话：0351-7889970 8397450 8397451
传真：7889970转8823
邮编：030012
网址：http://www.sxjsjl.com
邮箱：E-mail:sxjsjl@163.com
地址：太原市小店区并州南路6号1幢B座8层

背景图：山西省图书馆获 2014—2015 年度中国建筑工程"鲁班奖"

山西力拓建设监理咨询有限公司

山西力拓建设监理咨询有限公司成立于 2009 年，注册资本 500 万元，是集工程监理、招投标代理、造价咨询于一体的综合性公司。具有房屋建筑工程监理甲级、市政公用工程监理甲级、公路工程监理乙级、工程造价咨询乙级、水利水电监理丙级、地质灾害防治监理丙级、环境监理备案证书的监理企业。公司下设工程监理部、经营开发部、财务部、综合办公室四个部室，为业主提供高效、快捷的全方位服务。

公司现有各类专业工程技术人员 430 人，其中高级职称 15 人，中级职称 265 人，现有国家注册监理工程师 37 人，国家注册造价工程师 3 人，国家注册一级建造师 7 人，省部注册监理工程师 370 余人，具有明显的人才、技术优势，坚实的项目管理和技术服务能力。

公司成立以来，本着提供最好服务的态度，坚持"高起点、高标准、高效率、高服务"的发展战略，按照"公正、独立、自主"的原则，遵循公司的质量管理方针："精细管理、规范服务、塑造形象、顾客满意"，重信誉，守合同，严守法。公司的各项管理严格走标准化、规范化的路线，取得了 ISO9001—2015 质量管理体系、ISO14001—2015 环境管理体系、OHSAS18001—2007 职业健康安全管理体系认证证书。

公司从成立至今已服务项目 1500 余项，其中已竣工交付使用的各项监理工程项目合格率达 100%、优良率达 90% 以上，赢得了广大业主和社会的好评和信赖。

公司将秉承"优质诚信服务，依法规范管理"的企业精神，携手社会各界朋友，共树新形象、共绘新蓝图、共创新未来。

2016 年先进企业

2017 年先进企业

2018 年先进企业

2019 年先进企业

国奥城项目

洪洞县第二中学新校区建设项目监理一标段

太原市中医医院门急诊楼

长治快速路长北项目

灵石龙成花苑建设项目

长子县城中村改造同福村 A、B、C 区及同新村 A、B、C 区建设项目